COSMOLOGIA

dos Mitos ao Centenário da Relatividade

Blucher

Elcio Abdalla
Instituto de Física
Universidade de São Paulo

Alberto Saa
Instituto de Matemática, Estatística e Computação Científica
Universidade Estadual de Campinas

COSMOLOGIA

dos Mitos ao
Centenário da Relatividade

Cosmologia: dos mitos ao centenário da Relatividade
© 2010   Elcio Abdalla
          Alberto Saa
Editora Edgard Blücher Ltda.

Blucher

Rua Pedroso Alvarenga, 1245, 4º andar
04531-012 - São Paulo - SP - Brasil
Tel 55 11 3078-5366
editora@blucher.com.br
www.blucher.com.br

Segundo Novo Acordo Ortográfico, conforme 5. ed.
do *Vocabulário Ortográfico da Língua Portuguesa*,
Academia Brasileira de Letras, março de 2009.

É proibida a reprodução total ou parcial por quaisquer
meios, sem autorização escrita da Editora.

Todos os direitos reservados pela Editora Edgard
Blücher Ltda.

FICHA CATALOGRÁFICA

Abdalla, Elcio
  Cosmologia: dos mitos ao centenário da
Relatividade / Elcio Abdala, Alberto Saa, - -
São Paulo: Blucher, 2010.

  Bibliografia.
  ISBN 978-85-212-0553-1
  1. Astronomia 2. Cosmologia
  3. Cosmologia - Obras de divulgação
  I. Saa, Alberto. II. Título.

10-09673	CDD-523.1

Índices para catálogo sistemático:
1. Cosmologia: Astronomia   523.1
2. Universo: Astronomia   523.1

Prólogo

Olhar para os céus fascina, desde a mais remota Antiguidade. Na verdade, desde que o homem teve consciência de sua própria existência. É lá que nasceu a ciência prática da previsão do tempo, observando-se as constelações e sabendo-se em que época do ano se estava. Nessas mesmas constelações, encontramos os deuses, heróis, mitos. Procuramos nossa origem, nosso destino.

Apresentamos aqui o cosmos do ponto de vista da física, não sem um olhar um pouco mais lírico de mitos e esperanças do homem. O cosmos, que nem sempre foi ciência, veste-se aqui, como consequência das modernas leis da física, como ciência. Na China, a astronomia era considerada uma ciência humana, catálogo de efemérides. No ocidente, teve ambos os papéis, mas hoje o cosmos é visto como um teste de teorias físicas ao mesmo tempo em que usamos a física para melhor compreender nossa evolução.

Procuramos nos abster de escrever equações. A linguagem é, tanto quanto possível, acessível a um leitor bem informado. Esperamos ter, neste livro, uma introdução à estrutura de teorias físicas com especial atenção para os céus.

As armas e os barões assinalados
Que, da Ocidental praia lusitana,
Por mares nunca dantes navegados
Passaram ainda além da Taprobana,
E em perigos e guerras esforçados,
Mais do que prometia a força humana,
Entre gente remota edificaram
Novo reino, que tanto sublimaram;

E também as memórias gloriosas
Daqueles reis que foram dilatando
A Fé, o Império, e as terras viciosas
De África e de Ásia andaram devastando,
E aqueles que por obras valerosas
Se vão da lei da Morte libertando:
Cantando espalharei por toda a parte,
Se a tanto me ajudar o engenho e arte.

Luís de Camões,
Os Lusíadas (1572)
Canto I, 1–2

Conteúdo

1   As Origens nas Preocupações do Homem 13

    1.1   A descrição dos céus 21

        1.1.1   O sistema de duas esferas de Eudoxo 21

        1.1.2   Os epiciclos e os deferentes 26

    1.2   O calendário 28

    1.3   A revolução de Copérnico 31

    1.4   Nossa posição diante do universo 33

    1.5   Uma longa jornada 34

2   O Nascimento da Ciência Moderna: o Método Científico 37

    2.1   O método científico 38

3   A Mecânica de Newton e a Gravitação Universal 43

    3.1   Tycho Brahe e as Leis de Kepler 43

        3.1.1   Leis de Kepler 45

    3.2   Isaac Newton e a mecânica clássica 47

        3.2.1   Leis de Newton 50

        3.2.2   Lei da gravitação universal 51

    3.3   O universo mecânico 53

4   Maxwell e o Eletromagnetismo 59

    4.1   Faraday e o conceito de campo 59

    4.2   As equações de Maxwell 62

        4.2.1   A luz como um fenômeno eletromagnético 64

    4.3   O eletromagnetismo e a segunda Revolução Industrial 66

5 As Grandes Revoluções Científicas do Século XX	69
5.1 A física clássica	70
5.1.1 Limites da física clássica	70
5.1.2 Energia, tempo e leis de conservação	72
5.2 Espaço, tempo, matéria: a teoria da relatividade especial	76
5.2.1 O espaço-tempo	80
5.2.2 A ordem temporal	83
5.3 A teoria da relatividade geral	85
5.4 A mecânica quântica	86
5.5 Átomos, prótons, elétrons e outros – qual é o fundamental?	90
5.6 Impacto da nova física no século XX	92

6   Novas Ideias Científicas e as Teorias Universais ... 95

   6.1   Teoria das partículas elementares ... 95

   6.2   A questão da unificação ... 97

   6.3   A inclusão da gravitação ... 105

     6.3.1   Supersimetria – bósons e férmions ... 106

     6.3.2   Teorias duais ... 107

   6.4   Descrição quântica do universo como um todo: a teoria quântica da gravitação e o cosmos ... 108

7   O Universo em Expansão ... 111

   7.1   O universo quântico e o *Big Bang* ... 114

   7.2   Novos fatos e ideias ... 118

8   A Visão do Século XXI ... 121

   8.1   A ciência dos dias de hoje ... 121

   8.2   O modelo cosmológico padrão ... 127

   8.3   A evolução do universo ... 131

   8.4   A mecânica quântica e a cosmologia ... 136

   8.5   Matéria escura e energia escura ... 137

   8.6   Rumo ao futuro sobre a necessidade de uma teoria quântica da gravitação ... 139

   8.7   Cordas ... 142

     8.7.1   Dimensões ... 144

     8.7.2   O estilo teorias de cordas ... 146

     8.7.3   *M* de mistério ... 146

     8.7.4   Cosmologia de Branas ... 148

     8.7.5   Testando a gravidade na Brana ... 148

   8.8   Outros modelos e ideias ... 150

     8.8.1   Atalhos gravitacionais ... 150

     8.8.2   Revisões do *Big Bang* ... 151

9 Considerações Finais 155

Apêndice: Sistema Solar 157

1 Mercúrio 159

2 Vênus 162

3 Terra 163

4 Marte 163

5 Júpiter 164

6 Saturno 166

7 Urano 167

8 Netuno 168

9 Plutão 169

10 Cinturão de asteroides 170

11 Cinturão Kuiper e os cometas 172

Bibliografia 176

CAPÍTULO 1

As Origens nas Preocupações do Homem

A vida humana consciente está pautada sobre o tripé formado pelo conhecimento, pelo prazer e pelo altruísmo. Desde que o homem olhou à sua volta, em uma atitude consciente, viu o céu e tentou compreendê-lo. Ali enxergou a beleza, sentindo prazer. Transmitindo o que vira a seus companheiros de jornada e utilizando o que aprendeu, socializou-se. No conhecimento e em sua utilização, obteve ciência, cultura e técnica. Por meio da introspecção dessas experiências, chegou ao misticismo e à religiosidade.

Nesse ir e vir de sensações e conhecimentos, podemos dizer que um dos pontos centrais veio a ser a preocupação humana com o problema de nossas origens, que remonta ao início das preocupações conscientes do homem, haja vista a enorme quantidade de lendas acerca do fato em sociedades mais primitivas e a sua presença em conteúdos mitológicos de várias religiões politeístas, que culminam nas gêneses das religiões monoteístas.

Podemos apreciar, por exemplo, nas pinturas da Capela Sistina (ver Figura 1.1), que o problema da criação passa pela arte de conteúdo religioso. Também observamos a satisfação do pensamento na característica hierárquica da criação, como após a separação entre a luz e as trevas quando temos, nas pinturas renascentistas, a criação do Sol, e finalmente a criação humana.

A busca da compreensão do cosmos motivou gerações de pesquisadores em todas as áreas do conhecimento. O ser humano, tornado consciente, passa a viver

Figura 1.1 A criação de Adão, Michelangelo – 1511. Detalhe do teto da Capela Sistina, Roma.

o mito do herói e a planejar a compreensão de si mesmo e de seu mundo exterior, principalmente por meio da ciência, almejando poder descrever a criação do mundo, suas leis e consequências. É assim que a preocupação humana, desde os antigos, tomou forma em objetos longínquos, primeiramente no macrocosmo. Não havia, na época, como se preocupar com o microcosmo, por falta da técnica adequada. Foi somente ao final do século XVIII, que este caminho em direção ao micro começou a ser trilhado e, posteriormente, pavimentado.

O início do pensamento humano sistemático é bem antigo. Os egípcios conheciam metais, faziam medidas, tinham uma matemática primitiva. Faltou-lhes a filosofia. Sem ela, não construíram uma cosmologia e sua ciência não prosperou. Os mesopotâmios iniciaram-se na observação dos astros, mas tampouco desenvolveram uma filosofia. Os gregos foram capazes de perscrutar e desenvolver uma filosofia, marchando em direção a uma ciência através da iniciação ao misticismo. O misticismo faz tomar forma, no inconsciente, a busca de uma causa. O misticismo é uma procura interior, vindo a desenvolver uma mitologia que, ainda que não científica, tenta uma explicação dos fatos. Esta busca de uma explicação eventualmente toma a forma de uma ciência. Vejamos como se dá esse crescimento interior.

Os mitos, crenças e religiões formam o inconsciente humano. As dúvidas sobre a natureza e o culto aos mortos são uma pequena parte daquilo que chamamos religião. Uma pesquisa sobre as ciências religiosas deve andar em grande parte em direção ao que a religião e a mitologia querem saber, além de indagar sobre o que o homem quer sentir.

Não sabemos exatamente como nasceram a mitologia e a religiosidade. Os mitos, no entanto, sempre fizeram parte do imaginário humano. Ao serem repetidos e recontados acabam se moldando ao inconsciente coletivo, sendo um espelho deste.

Na antiga Grécia pré-helênica havia mitos selvagens de povos primitivos. Os cultos dionisíacos eram bastante selvagens. Dionísio, cujo nome latino é Baco, foi originariamente um deus dos Trácios, um povo agricultor, visto como bárbaro pelos gregos. Era um dos deuses da fertilidade. Quando os trácios descobriram o álcool, nas formas de cerveja e de vinho, fizeram homenagem a Dionísio.

O culto a Dionísio penetrou então na Grécia que, tendo adquirido civilização de modo rápido, tinha certo apego pelo primitivo, segundo Bertrand Russell [1]. No ritual dionisíaco, havia um grande entusiasmo. A palavra entusiasmo, etimologicamente, significa que os deuses penetraram o sujeito, que se identifica com o deus. Na sua forma original, as festas dionisíacas, chamadas bacanais pelos romanos, eram bastante selvagens. Dilaceravam-se animais para comê-los crus; as mulheres gritavam freneticamente em êxtase e se consumia álcool. O costume de dilacerar animais e comê-los é a imagem do mito segundo o qual, sendo Dionísio filho de Zeus e Perséfone,[1] foi dilacerado, quando criança, pelos Titãs, os quais ganharam divindade ao comê-lo. Zeus o fez renascer comendo seu coração.

Estes costumes já vigoravam por volta de 12 a 14 séculos antes de Cristo. Orfeu reformou os ritos dionisíacos, transformando-os em uma forma mais sutil. Ele teria vindo da Trácia ou de Creta. Esta última, influenciada pelos egípcios, tinha uma forma religiosa com uma doutrina que incluía a transmigração da alma, por meio da qual o homem deveria procurar se purificar. Portanto, o orfismo foi um movimento de reforma dos mitos dionisíacos.

O pitagoreanismo é um movimento que continuou o orfismo. O orfismo era uma protorreligião. Pitágoras inaugurou uma ligação entre o místico e o racional, uma dicotomia que sempre permeou a história do pensamento humano, não tendo, todavia, uma união harmônica no ocidente depois dos gregos antigos. Na Grécia Antiga, os mitos anteriores acerca de deuses e ritos menos civilizados foram transformados nos mitos acerca dos deuses olímpicos por Homero, já que um povo guerreiro, de grandes heróis, necessitava de deuses condizentes com tal descrição. Bastante humanos, os deuses olímpicos tinham poder e majestade, e, de modo geral, já falavam em justiça.

---

[1] Numa outra versão, Dionísio seria filho de Zeus e Semele.

Ainda assim, pode-se dizer que a Mitologia tenha sido o início da ciência, como vemos nos pitagóricos que foram o elo de ligação entre o Orfismo e uma protociência.

Interessa-nos aqui a questão da criação: a cosmogonia. Em muitas civilizações, a criação do universo tem caráter similar a uma criação que inclui até mesmo o advento do tempo (o que de fato é correto na concepção da relatividade geral, que viria a ser descrita muitos séculos mais tarde). A criação, entre os gregos, em algumas de suas vertentes, apresenta um aspecto geral bastante parecido com a criação judaica. Para os gregos, há várias versões da história da criação. Em uma delas, Caos juntou-se com a Noite (Nix) com quem teve vários filhos. Posteriormente, Érebo (Escuridão) casou-se com Nix, gerando Éter (Luz) e Hemera (Dia) que, por sua vez, com a ajuda do filho Eros, gerou o Mar (Pontus) e a Terra (Gaia). Gaia gerou o Céu (Urano). Gaia e Urano geraram os doze titãs, entre os quais Cronos e Rhea, pais de Zeus, três ciclopes e os três gigantes Hecatônqueires. Gaia estava farta do apetite sexual de Urano e pediu ajuda aos filhos, que lhe negaram, com exceção de Cronos. Armado de foice afiada, Cronos esperou o pai em uma emboscada e o castrou. Jogou os restos ao mar, de onde, em uma das versões mitológicas, nasceu Afrodite e, do sangue, as Erínias. Urano então previu que o reinado de Cronos terminaria ao ser ele vencido pelo próprio filho. O equivalente de Cronos na mitologia romana era Saturno, que nomeou o planeta mais distante conhecido na época.

Cronos representa o tempo. Receoso da concretização da profecia paterna, devorava seus filhos logo após o nascimento de cada um. Esta é também uma personificação daquele que cria para destruir, tal como o próprio tempo. Rhea, sua esposa, salva Zeus do destino delineado por Cronos a seus filhos, ao dar uma pedra embrulhada para que Cronos comesse no lugar desse novo filho. Tendo enganado o marido, leva Zeus para o Monte Ida, onde Zeus passou a infância escondido do pai. Quando crescido, rebela-se contra o pai, resgatando os irmãos do interior paterno. Exilou Cronos e os titãs no Tártaro e reinou absoluto. Casou-se com Hera, sua irmã. Gerou a vários outros deuses olímpicos, tanto de Hera, como de outras deusas e mortais. Também gerou filhos só, como foi o caso de Palas Atena, que saiu, até mesmo com sua armadura, de um buraco aberto pelo machado de Hefesto em seu crânio. As nove filhas de Mnemosine (deusa da memória) e de Zeus foram as musas. Inspiraram poetas, literatos, músicos, dançarinos, astrônomos e filósofos. Urânia era a musa da astronomia.

Esta brevíssima história, que em suas versões originais são ricas de detalhes sobre o psiquismo humano, mostra a preocupação do homem com a criação do mundo e seu destino [2]. Os deuses olímpicos preocuparam-se com os homens e suas lutas como se fossem questões deles mesmos. Foram deuses humanizados, tanto no melhor quanto no pior sentido, tal como na história bíblica de Jó [3]. Os deuses Olímpicos nos trouxeram a preocupação com as ciências, com as artes e com a medicina. Palas Atena foi a mais sábia das deusas, e Febo Apolo foi o pai de Asclépio, o fundador da Medicina, cujos filhos Macáone e Podalírio foram médicos que participaram da guerra de Troia ao lado dos gregos.

A cosmogonia mitológica foi uma importante peça na estrutura do pensamento humano, já que dá um caráter divino às atribuições humanas, fazendo dos céus um habitat dos deuses paralelo à Terra. Toda civilização tem alguma resposta para a pergunta sobre a estrutura do universo. Os babilônicos tiveram sua cosmogonia. No santuário de Eridu, era na água a origem de tudo; o mundo habitado saiu do mar, e ainda está cercado por ele. Fora disto, estaria o deus-sol cuidando de seu rebanho. Certamente se conhece, no ocidente, a gênesis mosaica. Mas foi na civilização helênica que o homem foi-se aproximando de uma resposta a partir da observação dos céus, uma resposta que andava na direção do racional, apesar de partir do irracional, do onírico.

A ciência grega era, no entanto, uma protociência. Conhecia-se muito, mas, apesar disto, os conceitos estavam, dentro do aspecto da ciência moderna, equivocados. Todavia, foram essenciais para a posterior evolução do pensamento humano. Em particular, o conhecimento dos céus, primeiramente através da antiga crença astrológica vinda já desde os babilônicos, posteriormente através da observação direta dos céus, foi bastante grande, tendo evoluído para o universo ptolomaico que discutiremos adiante.

Eram duas as vertentes da ciência dos céus na antiguidade. Por um lado, os místicos, os astrólogos e os sacerdotes se preocupavam com questões de princípios, com os deuses, com a origem, formando o imaginário mitológico e religioso. Por outro lado, havia preocupações quotidianas com as medidas de tempo; afinal, o homem depende muito, principalmente no início da civilização, do ciclo anual que rege as colheitas, do verão e do inverno. A medida do tempo também era parte do cotidiano, assim como o é hoje, já que todos temos um relógio à disposição para nos localizarmos nesta tão transcendente direção que é a temporal. As medidas de tempo, assim como as observações astrológicas, levaram a uma astronomia, enquanto as preocupações místicas e mitológicas foram o princípio de uma cosmologia.

Mais de 1.000 anos antes da era cristã, já havia observações precisas dos movimentos do sol, através da variação do tamanho da sombra de uma vara vertical, o gnomon, durante o dia e de um dia para outro; combinando-se com relógios d'água, havia uma marcação do tempo.

Os movimentos das estrelas são mais regulares que os do Sol ou da Lua, porém sua observação é mais complexa, pois é necessário que se reconheçam estrelas, distinguindo-as de uma noite para outra. São excelentes para marcações de tempo. Isto hoje nos é claro, pois o movimento aparente das estrelas está relacionado quase exclusivamente com a rotação da Terra. Como as estrelas estão a uma enorme distância da Terra, efeitos locais inerentes ao sistema solar não interferem, o que não é verdade

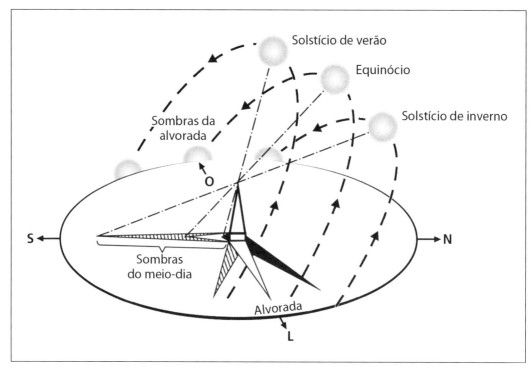

Figura 1.2 Elevação do Sol.

para o movimento aparente do Sol. O fato é que o dia solar aparente[2] não é constante ao longo do ano. A maioria das constelações reconhecidas pelos antigos foram colocadas em correspondência a figuras mitológicas, de onde temos uma pré-protociência, a astrologia, que mistura observações precisas com elementos mitológicos. Note-se que as constelações não são, necessariamente, objetos reais, pois o que observamos são projeções dos objetos na esfera celeste. Dois objetos projetados em pontos próximos na esfera celeste podem estar a enormes distâncias um do outro, na direção dos raios que os ligam a nós.

Foi assim que se começou a descrever o céu, na antiga babilônia, por meio da astrologia. Os sacerdotes, responsáveis pelas obrigações junto aos templos, como a adoração dos astros, sabiam muito sobre o movimento dos corpos celestes. Mas foi com os gregos que este conhecimento se transformou em uma primeira forma de ciência, por meio de uma melhor descrição quantitativa dos céus.

Os pitagóricos foram provavelmente os primeiros a pensar na esfericidade da Terra. Foi Pitágoras quem primeiro usou a expressão cosmos para falar dos céus. Antes deles, as ideias ainda estavam bastante aquém de uma compreensão

---

[2] O dia solar aparente corresponde ao intervalo de tempo entre duas posições subsequentes do sol ao meio-dia. O período de rotação das estrelas é 3 minutos e 56 segundos menor, devido ao movimento de translação da Terra.

direta, e até Thales, sabia-se tanto quanto soubera Homero. Heródoto já sabia que havia povos no extremo norte, cuja noite durava seis meses, e que os fenícios supostamente já haviam circum-navegado a África, tendo o Sol à sua direita ao navegar para o poente. Apesar de grandes imprecisões e dúvidas, os pitagóricos formularam um tipo de teoria geocêntrica do universo. Era uma prototeoria que continha um enorme número de imprecisões, tendo sido formulada por Philolaus. Tais imprecisões continuaram por algum tempo, já que Platão, um continuador natural, preocupou-se pouco com o mundo físico, e sua compreensão das ciências naturais foi pouco além de seus antecessores. Em particular, apesar de conhecerem algo sobre os planetas e seu movimento errante pelo céu, não tinham uma explicação precisa para o fato.

Para que as observações feitas aqui na Terra fizessem sentido, caracterizou-se o movimento dos céus através de duas grandes esferas que, em uma interpretação moderna, se referem aos movimentos da Terra. Desse modo, uma esfera contendo as estrelas move-se para oeste, com uma rotação a cada 23 horas e 56 minutos.[3] Por que não a cada 24 horas? O tempo de adiantamento, de quase 4 minutos em relação ao dia solar, se soma, em um ano, a cerca de $360 \times 4/60$ horas, o que corresponde a 24 horas, ou um dia. Isso porque a cada ano, mesmo que a Terra não girasse, se passaria um dia solar em decorrência de seu giro em torno do Sol. Outro modo mais direto de se compreender esse fato é verificando-se que, ao passar 24 horas, uma estrela não estará no mesmo lugar, pois a Terra terá se movido de 1/365 de sua revolução, ou seja, 1/365 de uma rotação completa. Isso mostra também, de outro modo, que a direção de rotação da Terra, em relação a seu eixo e aquela em relação ao Sol, se fazem no mesmo sentido. De fato, quase todos os astros do sistema solar[4] se movem no mesmo sentido, qual seja, de oeste para leste, provocando uma sensação de que o universo ao nosso entorno se move de leste para oeste no movimento diário. Em seu movimento anual, o Sol se move de oeste para leste, tendo a esfera celeste como fundo. Foi assim que se inventaram as constelações astrológicas, o zodíaco, em cuja região o Sol vai caminhando: quando o Sol passar na esfera celeste na região onde está a constelação de Virgem, dizem os astrólogos que estamos sob a influência de Virgem.

Consideremos a grande esfera celeste, onde imaginamos as *estrelas fixas* que formam, por exemplo, as constelações, e que estão paradas na esfera celeste. As estrelas nascem e morrem, respectivamente, a leste e a oeste. Há um grande círculo, a eclítica, com uma inclinação de $23\frac{1}{2}°$, e o Sol se move uma vez a cada $365\frac{1}{4}$ dias pela eclítica, de oeste para leste, quando projetado na esfera celeste. Isso corresponde à revolução da Terra em torno do Sol, mas vista desde a Terra. Mais pre-

---

[3] O que corresponde a um dia sideral.

[4] Vênus e Urano são exceções, no que tange à revolução em torno do próprio eixo, veja o Apêndice. Quanto à revolução em torno do Sol, o movimento da Terra pode, por vezes, parecer retrógrado, ou seja, de leste para oeste.

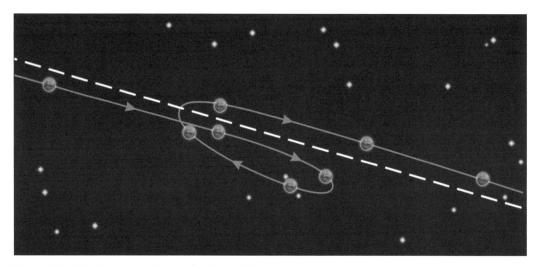

Figura 1.3   Movimento retrógado do planeta Marte.

cisamente, se localizarmos o Sol, na esfera celeste, sempre em uma mesma hora do dia, este ponto fará nela um grande círculo, e este círculo se chama eclítica, e não corresponde ao equador celeste, o círculo máximo da esfera celeste, pois a Terra, conforme sabemos hoje, tem um eixo de rotação inclinado de 23½° em relação ao seu plano de revolução em torno do Sol.

Porém, algumas estrelas tinham movimentos bastante distintos, pois, em certa época do ano, andavam em sentido contrário, em movimento retrógrado (ou seja, dia após outro, encontram-se mais a oeste, indo de leste a oeste com o passar dos dias). Foram chamadas de *planetas*, palavra que, em grego, traz o sentido de *movimento errante*. Hoje sabemos que esses movimentos estão ligados ao movimento dos planetas em torno do Sol. Sabemos ainda que nosso sistema solar é muito pequeno em relação às estrelas. Na Antiguidade, esse fato era completamente desconhecido.

A descrição dos céus foi ficando mais sofisticada. Nessa nova descrição, os planetas movem-se em círculos, em torno de outros círculos, ao redor da Terra, os epiciclos e os deferentes. Este sistema deu origem ao que podemos chamar de sistema ptolomaico de descrição dos céus. Recebido pelos árabes, os guardiães da ciência e da filosofia durante a Idade Média, o sistema foi aperfeiçoado a ponto de ter uma precisão de até 8 minutos de arco![5] A ciência moderna teve início mais de mil anos mais tarde, com a revolução de Copérnico acerca de nosso conhecimento sobre o cosmos.

---

[5] Um círculo completo tem 360 graus, e cada grau, 60 minutos. Portanto, com o passar de 1 hora, um astro se move 15 graus.

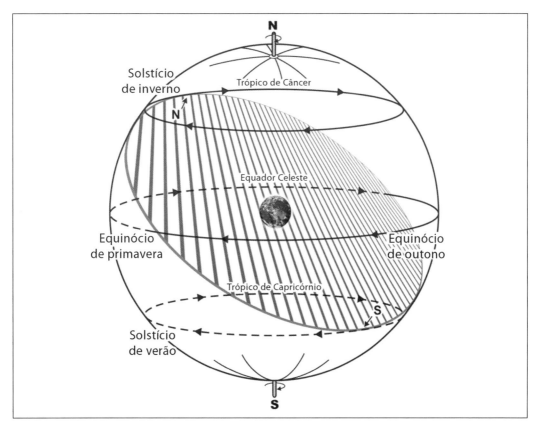

Figura 1.4 A esfera celeste. Na visão dos antigos, a esfera celeste contém os astros e gira de leste para oeste, com um período de aproximadamente 23h 56min, correspondendo à rotação da Terra. Nela, estão as chamadas "estrelas fixas" e os "planetas", dentre os quais se incluía o Sol, que se desloca, em seu movimento anual, na eclítica, definida pelo círculo hachurado na figura. Para um observador no hemisfério sul, o ponto N corresponde à posição do Sol no solstício de inverno e o ponto S, ao solstício de verão. O equinócio de outono se dá na intersecção da eclítica com o equador celeste, à direita da figura, e o equinócio de primavera, na mesma posição do lado esquerdo.

1.1 A descrição dos céus

1.1.1 O sistema de duas esferas de Eudoxo

Após o que convencionaremos chamar de *era mitológica*, incluindo desde astrologia até pouco antes da ideia de uma Terra esférica, passando pelos mitos da criação, podemos dizer que o primeiro conceito de universo, baseado em observações, veio com as *esferas de Eudoxo*.

Eudoxo foi um grande matemático; dizem mesmo que teria sido o responsável pelo quinto livro de Euclides. Estudou com Platão e também no Egito. Propôs o ciclo de quatro anos para o Sol, incluindo o ano de 366 dias, três séculos antes de Júlio Cesar, que o efetivou. Seu esquema de esferas concêntricas chegou até nós por meio da metafísica de Aristóteles e de um comentário de Simplício.

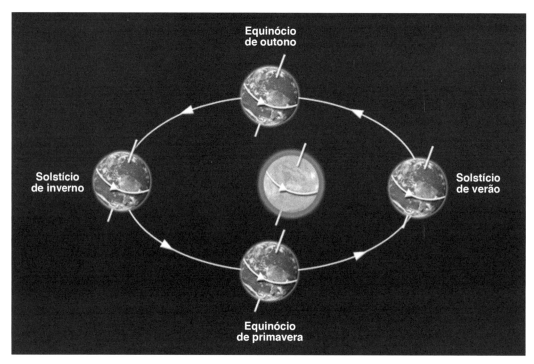

Figura 1.5 Estações sob o ponto de vista do hemisfério sul (para o hemisfério norte, basta trocar verão por inverno e primavera por outono). As proporções não correspondem à realidade, tendo sido exageradas para uma melhor compreensão.

Coloquemos alguns *prolegômena*. Conforme sabemos hoje, a Terra gira em torno do Sol, mas de maneira um tanto irregular. Há uma inclinação do eixo da Terra em relação ao plano de revolução em torno do sol. Há dois dias no ano em que este eixo está no plano perpendicular ao plano de rotação da Terra, passando pela Terra e pelo Sol. Estes são os pontos mais próximo e mais longínquo, respectivamente, do Sol (ver Figura 1.5). O exato dia pode mudar ligeiramente (de um dia) de um ano para outro. Em 2004, por exemplo, foram os dias 21 de junho (hora de Greenwich 0h 57min) e 21 de dezembro. O dia 21 de junho marcou o início do inverno no hemisfério sul, quando o hemisfério norte esteve virado em direção ao Sol. Aconteceu o oposto no dia 21 de dezembro, quando o hemisfério sul esteve virado para o Sol, e tivemos o início do verão no hemisfério sul. Essas duas datas marcaram os *Solstícios* de 2004; dia 21 de junho de 2004 foi o solstício de inverno no hemisfério sul, ou o solstício de verão no hemisfério norte. Quando, por outro lado, temos o meio caminho entre os dois solstícios, em que o eixo de rotação está no plano perpendicular ao definido anteriormente, o dia e a noite terão a mesma duração. Isto se deu nas datas de 20 de março de 2004 e de 22 de setembro de 2004, correspondendo, respectivamente, ao equinócio de outono e ao equinócio de primavera no hemisfério sul, ou equivalentemente, ao equinócio de primavera e ao equinócio de outono do hemisfério norte. No equinócio, dia e noite têm a mesma duração. Note-se, na Figura 1.5, que o Sol não está exatamente no centro, conforme sabemos hoje. Esse fato é responsável por uma diferença de seis dias entre o período vernal do hemisfério sul e o correspondente período no hemisfério norte.[6]

Como vimos, há diferentes contribuições aos movimentos da Terra. Sua rotação é bastante simples, e também vimos que pode servir para acomodar uma grande esfera, na qual estão todas as estrelas distantes. Tomemos esta primeira esfera como a primeira descrição dos céus. Para cada outro astro do sistema solar, precisamos de outra esfera para acomodar cada planeta. De acordo com os gregos, havia sete planetas: a Lua, o Sol, Mercúrio, Vênus, Marte, Júpiter e Saturno.

A esfera solar está inclinada de 23½° em relação à esfera celeste. O Sol vai para oeste, mas um pouco mais devagar que as estrelas, para que se leve em conta o movimento anual do Sol, de modo que ele se atrase 1° por dia, ou em termos de tempo, 4 minutos por dia, razão pela qual o dia solar tem 24 horas, enquanto o ciclo da esfera celeste é de 23h e 56 min.

Aristóteles já falava, quatro séculos antes de Cristo, sobre medidas do raio da Terra. Eratóstenes, o bibliotecário de Alexandria, foi o primeiro a estimar o raio da Terra com precisão, por volta do terceiro século antes de Cristo. Foi o primeiro passo para uma visão quantitativa do universo, pois passamos a ter uma ideia da dimensão do nosso mundo. Esse cálculo é simples. Ele observou a sombra de um *gnomon*,[7] em Alexandria, em um certo dia em que o Sol estava a pino em Siena, uma outra cidade egípcia, a uma distância de cerca de 5.000 estádios. O ângulo medido foi de 1/50 do círculo máximo, ou seja, 7⅕°, o que levou Eratóstenes a estimar a circunferência da Terra em 250.000 estádios. Hoje, não sabemos ao certo o valor do estádio, mas estima-se que o valor obtido esteja apenas 5% abaixo do valor exato. Como os valores mencionados, usados por Eratóstenes, são estimativas já devidamente arredondadas, podemos dizer que o valor obtido foi excelente.

As observações de Aristarco de Samos são as mais interessantes. Aristarco é também conhecido por ter sido quem propôs o sistema heliocêntrico bem antes de Copérnico. Aristarco fez medidas muito apreciáveis. Para medir a distância relativa até o Sol e até a Lua, ele observou a Lua quando estava exatamente com aparência de meia-lua. Essa observação, sem instrumentos, é, na prática, extremamente difícil. Medindo o ângulo entre a direção da Lua e a do Sol, ele pôde estimar tais distâncias relativas.

Pelas observações de Aristarco, o ângulo é de 87°, quando o correto seria de 89° 51'. O valor relativo entre a distância Terra-Sol e a distância Terra-Lua obtido por Aristarco foi de 19, enquanto o valor correto é de 400. Embora haja um erro de um fator de 20, consideramos que, para uma observação sem qualquer instrumento, a olho nu, o resultado desta estimativa, para a época, é plenamente satisfatório.

---

[6] Ou seja, o dia do equinócio não se dá exatamente a meio caminho entre dois solstícios.

[7] Uma vara vertical.

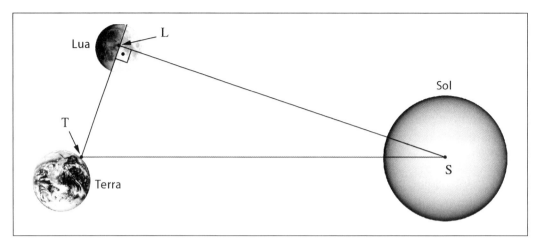

Figura 1.6 Medida efetuada por Aristarco das distâncias relativas entre a Terra, a Lua e o Sol.

Aristarco usou duas outras observações mais simples. A primeira mostra que, durante um eclipse solar, a Lua cobre exatamente o Sol. Em outras palavras, mesmo sem observar um eclipse solar, verificamos que o ângulo subentendido pelo Sol ou pela Lua é o mesmo, qual seja, 0,5°. Assim, a relação entre o diâmetro do Sol e o da lua é dado pela relação entre suas distâncias até nós, ou seja, 19 para Aristarco, e 400 para nós. Falta-nos ainda um dado para completar o quebra-cabeça. Esse dado suplementar é fornecido pelo eclipse lunar, quando se verifica, conforme feito por Aristarco, que o diâmetro da Lua corresponde à metade do tamanho do cone de sombra (veja Figura 1.7). Assim, Aristarco tinha as relações

$$\frac{x}{2d} = \frac{x + 20R}{19d} = \frac{x + R}{D},$$

enquanto nós teríamos

$$\frac{x}{2d} = \frac{x + 401R}{400d} = \frac{x + R}{D}.$$

Aristarco resolveu as equações, obtendo $d = 0{,}35D$ e, portanto, $R_{sol} = 6{,}6R_T$. Se fizermos o cálculo sem o erro original devido à medida imprecisa de ângulo, obtemos $D = 3d$, e $R_{sol} = 130R_T$. Para comparação com valores observados hoje, temos $D = 3{,}67d$ e $R_{sol} = 109R_T$, de modo que a ideia foi brilhante. Note-se ainda que, para o diâmetro da Lua, obtemos, aproximadamente, 1/3 do diâmetro da Terra, que corresponde à realidade. Se usarmos o fato, já bem conhecido, que o tamanho aparente da Lua corresponde a um ângulo de 1/2°, obtemos a distância Terra-Lua,

$$\operatorname{sen}\frac{1}{2} = \operatorname{sen}\frac{\pi}{360} \simeq \frac{\pi}{360} = \frac{\frac{2}{3}R_T}{D_{TL}}.$$

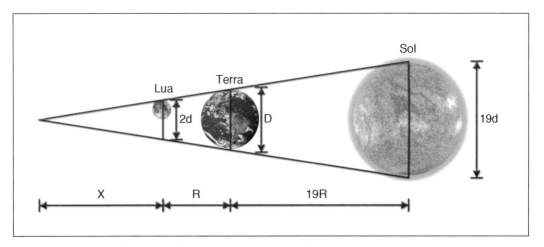

Figura 1.7 Método de Aristarco baseado em um eclipse lunar.

Portanto,

$$D_{TL} \simeq 75 R_T,$$

ou seja, a distância Terra-Lua corresponde, aproximadamente, a 75 vezes o raio da Terra. Os valores atuais são

$$\text{Raio da Terra } R_T \simeq 6.378 \text{ km},$$
$$\text{Raio da Lua } R_L \simeq 1.740 \text{ km},$$
$$\text{Distância Terra-Lua } D_{TL} \simeq 384.000 \text{ km} \simeq 60 R_T.$$

O sistema de duas esferas dava uma excelente visão do universo, no que tange às estrelas e mesmo ao Sol, e configura de modo apenas razoável o movimento lunar.

Outra estimativa possível, mas que não chegou a ser imaginada pelos antigos é através da paralaxe. Este método, apesar de simples, jamais foi usado. Por paralaxe temos de observar a posição da Lua desde dois pontos diferentes, com mesma longitude, comparando os ângulos observados.

O movimento solar, como vimos, é bastante complexo. Do hemisfério sul, vemos o Sol nascer a Sudeste, fazer um grande círculo no Norte, e colocar-se a Sudoeste. Conforme chegamos perto do solstício de verão, o Sol fica, próximo ao meio-dia (horário solar), mais próximo ao Sul. O Trópico de Capricórnio corresponde à linha onde o Sol está a pino, ao meio-dia no solstício de verão. Para pontos ao sul do Trópico de Capricórnio, o Sol sempre fica abaixo dos 90°, e ao meio-dia aponta para o Norte. Entre o Trópico e o Equador, o Sol pode estar, ao meio-dia, tanto ao Norte (na maior parte do tempo) quanto ao Sul e, por duas vezes no ano, fica a pino ao meio-dia.

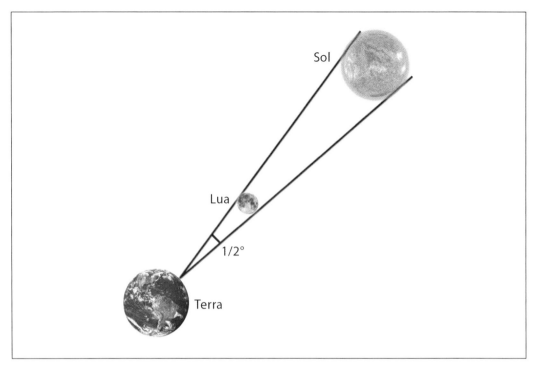

Figura 1.8 Sol e Lua compreendidos sob o mesmo ângulo, vistos a partir da Terra. Com os cálculos de Aristarco, a distância Terra-Sol seria cerca de 1.200 vezes o raio da Terra. O valor correto é cerca de 20 vezes maior.

A Lua poderia ser outro astro de medida do tempo, e de fato é muito mais simples obter uma medida de tempo a médio prazo através da Lua. Seu período é de cerca de 27⅓ dias através do zodíaco, e uma Lua nova ocorre a cada 29½ dias. No entanto, pode haver diferenças grandes, de até dois dias, e poucos povos mantiveram o uso do calendário lunar por muito tempo. A divisão em quatro semanas, de acordo com as fases da Lua, fornece uma divisão bastante natural do tempo.

De modo similar, o movimento dos planetas é também muito complicado. Vênus e Mercúrio, os chamados planetas interiores, movem-se, do ponto de vista da Terra, sempre no entorno do Sol, o primeiro dentro de um ângulo de 45°, e o segundo dentro de 28°. Os planetas exteriores são diferentes e podem mover-se em qualquer abertura.

1.1.2 Os epiciclos e os deferentes

O movimento dos planetas, ao contrário daquele das estrelas, é muito complexo. Não tocaremos no caso da Lua, complexo demais para nosso intuito. O mais simples destes astros é o Sol. Do ponto de vista moderno, está claro que, mesmo visto da Terra, o sistema solar tem um movimento razoavelmente simples. Ainda assim há problemas. Um deles é o fato, já percebido na Antiguidade, de que o período que

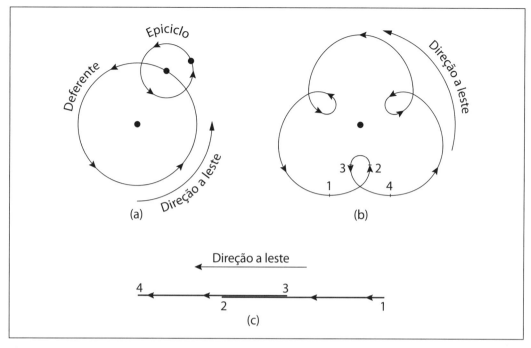

Figura 1.9 Epiciclos e deferentes implicando o movimento retrógrado aparente de certos astros.

vai do equinócio de primavera ao equinócio de outono no Hemisfério Norte é cerca de 6 dias mais longo que o período correspondente no Hemisfério Sul.

A explicação dada pelos astrônomos da antiguidade, baseada em esferas, pode ser vista como uma maneira de se compreender o movimento real por aproximações sucessivas. De fato, da Terra vemos o Sol movendo-se anualmente na eclíptica, de oeste para leste. Sabemos hoje que os planetas se movem em torno do Sol. É natural, do nosso ponto de vista, que os planetas façam revoluções em torno de um ponto (o Sol) que gira em torno de nós. Apesar de os antigos não saberem de tal teoria, era o que eles observavam, como nos óbvios casos de Vênus e de Mercúrio.

A solução proposta foi que os planetas se movem em círculos, chamados epiciclos, cujo centro, o deferente, move-se ao redor da Terra, em um outro movimento circular (veja Figura 1.9).

Essas correções foram, com o tempo, tornando-se cada vez mais complexas e sofisticadas. A diferença de 6 dias do movimento do Sol entre o verão no Hemisfério Norte comparado ao verão no Hemisfério Sul que descrevemos acima, e que sabemos hoje ser devido à forma elíptica da órbita da Terra, foi explicada também através de um pequeno epiciclo, cujo raio correspondia a cerca de 4,17% da distância Terra-Sol. Isso equivale a desviar a Terra do centro do movimento do Sol por uma distância também equivalente a 4,17% da distância Terra-Sol. Assim, caminhava-se para a descrição cada vez mais exata do movimento dos astros, por argumentos complexos mas sem um real conhecimento de causa.

Figura 1.10 Claudius Ptolemaeus, ou Ptolomeu (Alexandria, Egito, aproximadamente de 85 a 150 d.C.), conforme gravura do século XVI. Astrônomo, matemático e geógrafo helênico. Compilou muito do conhecimento astronômico, astrológico e geométrico da antiguidade. Sua obra, conservada e atualizada durante a Idade Média pelos árabes, ficou conhecida como Almagest (do árabe: "A grande obra").

Coube a Ptolomeu a compilação do conhecimento astronômico grego e egípcio. Sua obra, preservada e difundida pelos árabes, ficou conhecida como Almagest. Foi uma das obras mais fecundas do mundo helênico. Sobre Claudius Ptolemaeus, seu nome latino, sabe-se muito pouco. Viveu em Alexandria, entre o primeiro e o segundo século de nossa era. Aparentemente pertencia a uma família grega que vivia no Egito e era cidadão romano. Deixou também importantes contribuições à matemática, como sua aproximação de π por $3^{17}/_{120} = 3.14166$ e diversas tabelas trigonométricas, assim como à geografia, como seu mapa-múndi que já incluía a Taprobana (Ceilão, atual Sri Lanka) e a China. Aperfeiçoou e ajustou todos os modelos baseados em epiciclos e deferentes previamente propostos, principalmente baseados nos dados de Hiparco e em suas próprias observações, atingindo a precisão incrível de 8' na descrição do movimento dos planetas. O modelo ptolomaico perduraria por mais de um milênio.

1.2 O calendário

Podemos dizer que uma visão mais realista do universo, desde a Antiguidade Clássica até tempos bastante recentes, tenha se baseado em problemas de calendário. O calendário e as medições de tempo estiveram sempre entre as mais importantes preocupações do homem. Há várias medições de tempo: relógios de água e varas verticais medindo a sombra do Sol; são medições razoavelmente simples. Para medidas de longo tempo, é melhor a observação das estrelas, que não são apenas bastante parecidas de local para outro, mas também constituem observações mais precisas.

No entanto, as medições de tempo pelos vários processos não são completamente equivalentes, na medida em que os movimentos compostos não são simples. Como exemplo, vimos que o dia solar tem 24 horas, enquanto o dia sideral 23 horas e 56 minutos. Enquanto a observação dos céus foi ganhando forma, problemas de interpretação foram aparecendo, levando a uma forma de ciência, uma astronomia rudimentar.

No início, no calendário dos babilônicos, o ano era de 360 dias, o que condizia com a base 60 da contagem babilônica. A definição de ano é necessária para a marcação de colheitas. No entanto, um ano de 360 dias acaba por atrasar o início de datas dependentes do calendário solar que rege a safra agrícola. O equinócio de primavera, no hemisfério norte, que de acordo com o calendário hoje em vigor chega aos 21 dias do mês de março, fica atrasado em média cinco dias em um ano de trezentos e sessenta dias. Foi assim que os egípcios introduziram cinco dias adicionais para a espera do próximo ano, já que eventos sazonais importantes, como a cheia do Nilo, ocorreriam sempre mais e mais tarde. No entanto, mesmo para esse tipo de calendário, havia um atraso significativo, e a cada quarenta anos os eventos sazonais acabavam por se atrasar cerca de dez dias.

Os romanos possuíam um calendário próprio, o *Fasti*, que sofreu diversos ajustes durante sua história. Crê-se que, inicialmente, o calendário romano tenha sido adaptado do antigo calendário lunar grego. A origem lendária é atribuída ao próprio Rômulo, um dos fundadores de Roma. Iniciava-se no equinócio de primavera e, curiosamente, terminava no solstício de inverno. O inverno não era contabilizado no *Fasti* primitivo. O ano era dividido em 10 meses. Os nomes setembro, outubro, novembro e dezembro são reminiscências dos quatro últimos meses do calendário romano. Os outros meses eram: *Martius*, mês do deus da guerra Marte; *Aprilis*, mês em que as flores deveriam se abrir (*aperire*, em latim), ou ainda, numa outra intepretação, mês da deusa do amor Vênus, Afrodite em grego, também *Aphrilis* em latim. *Maius* era dedicado à *Bona dea* romana, a boa deusa da fartura e fertilidade, identificada com a deusa grega *Maia*, sempre representada com a cornucópia. *Junius* era o mês de Juno, esposa de Júpiter; *Quintilis* e *Sextilis*, o quinto e o sexto mês, respectivamente.

Inicialmente, os meses romanos tinham 30 ou 31 dias. Alguns dias do mês tinham nomes especiais. *Calendas* correspondiam ao primeiro dia do mês; *nonas*, ao quinto ou ao sétimo, dependendo do mês; e *idos*, ao décimo terceiro ou décimo quinto, também dependendo do mês. As calendas, que deram origem ao termo calendário, eram muito importantes; diversas atividades mercantis e sociais ocorriam sempre nas calendas. O calendário romano sofreu diversas modificações; as durações dos meses foram alteradas; dois novos meses de inverno foram introduzidos após dezembro: janeiro e fevereiro, meses dedicados, respectivamente, aos deuses Jano, dos portais e entradas, e *Februus*, entidade etrusca da purificação, que poderia ter acabado entre os romanos como Febris, o deus protetor contra a *malária*

Figura 1.11 A cornucópia, grande chifre preenchido por frutos, cereais e flores, símbolo da fartura dos romanos desde o século V a.C.

(do Latim, *mau ar*). Incluiu-se também um *Mensis Intercalaris*, o *Mercedonius*, após fevereiro, de tempos em tempos, a fim de se ajustar o calendário ao período solar. O *Fasti* acabou convergindo ao calendário atual, sem a existência dos anos bissextos, em que fevereiro tem 29 dias. Júlio César, com a ajuda de astrônomos gregos e egípcios, introduziu um novo dia a cada quatro anos e eliminou o *Mercedonius*. Modificou, em sua própria homenagem, o nome do quinto mês para Julius. Surgiu, então, o calendário dito juliano, instituido oficialmente no ano 46 a.C., que sobreviveu até a Idade Moderna. César Augusto, sobrinho-neto de Júlio Cesar, também em auto-homenagem, modificou o nome do mês *Sextilis* para Augustus. Além disso, exigiu que seu mês tivesse também 31 dias, para que não ficasse mais curto que o de seu tio-avô.

Para os romanos, os anos eram numerados de acordo com imperadores, cônsules e, já no final do império, papas. Com o fim do império no ocidente, alguns povos continuaram a considerar o início do ano no equinócio de primavera, outros no

As Origens nas Preocupações do Homem

solstício de inverno, outros ainda na páscoa. Foi no século VI que a Igreja instituiu a contagem dos anos a partir do suposto nascimento de Jesus Cristo, no ano 1 d.C. A contagem dos anos segundo a Era Cristã foi difundida pela Europa por Carlos Magno. Foi somente no século XVI, porém, que se instituiu o dia primeiro de janeiro como o início do ano. Outros problemas com o calendário sobrevieram ainda no século XVI. Uma nova reforma, que veremos mais adiante, levou ao calendário gregoriano, usado até hoje em todos os países do mundo.

1.3 A revolução de Copérnico

A ciência moderna teve início com a revolução de copérnico acerca de nosso conhecimento sobre o cosmos. Estando as festividades da páscoa recaindo a cada ano cada vez mais distante na marcação de tempo solar baseada no calendário Juliano, a Igreja Católica encomendou ao sacerdote polonês Nicolau Copérnico um estudo detalhado. O pedido foi feito pelo próprio papa Paulo III. O novo calendário, devidamente corrigido, foi instituído pelo Papa Gregório XIII, cerca de quarenta anos após os estudos de Copérnico, em sua bula *Inter gravissimas*, de 24 de fevereiro de 1582 [4]. Nela, instituiu-se que ao dia 4 de outubro de 1582, quinta-feira, seguiria-se o dia 15 de outubro de 1582, sexta-feira. Além disso, os anos bissextos múltiplos de 100, mas não de 400, foram eliminados. Segundo a bula, os dez dias perdidos não poderiam ser contabilizados para nenhum efeito civil. No calendário gregoriano, o erro em relação ao período solar é menor que um dia para cada três mil anos. O calendário gregoriano foi rapidamente aceito pelo mundo católico. Os protestantes tardaram um pouco mais; os britânicos o adotaram no século XVIII. Alguns outros povos, como os russos, só o implementaram muito depois, já no início do século XX.

Nicolau Copérnico nasceu em Torun, atual Polônia, em uma família de bom nível e muito religiosa. Estudou matemática, astronomia e teologia na tradicional Universitas Jagiellonica de Cracóvia, Polônia. Em 1497, foi nomeado, pelo polêmico Papa secular Alexander VI (Rodrigo Borja), bispo de Warmia, na Polônia. Participou das festividades do grande jubileu de 1500, em Roma, fazendo observações de um eclipse e dando diversas palestras públicas. Na mesma época, trabalhou também para autoridades da Prússia oriental, produzindo um tratado sobre o valor do dinheiro, um dos primeiros textos sobre economia do mundo moderno.

Os estudos astronômicos de Copérnico foram por ele reunidos em sua obra seminal *De Revolutionibus Orbium Coelestium*, As Revoluções das Esferas Celestiais, numa tradução direta [5]. Começou a ser escrita em 1506, foi terminada em 1530, mas só foi publicada no ano de sua morte, 1543. A obra é dedicada ao Papa Paulo III. O prefácio adverte aos leitores que sua teoria devia ser vista como uma ferramenta matemática para a descrição dos movimentos dos corpos celestes, não como uma proposta de uma nova realidade física. As preocupações e os

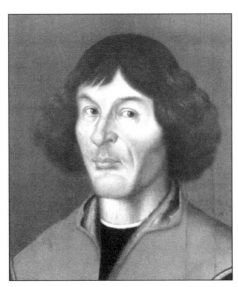

Figura 1.12 Nicolau Copérnico (*Torun, Polônia, 1473; † Frombork, Polônia, 1543). Clérigo, matemático e astrônomo polonês. Seu *De revolutionibus orbium coelestium*, publicado no ano de sua morte, assentou as bases do sistema heliocêntrico.

conflitos do clérigo Copérnico são compreensíveis. Sua obra propunha o abandono do modelo geocêntrico Ptolomaico, aceito por mais de um milênio e perfeitamente adequado aos dogmas e interesses da Igreja. Mais ainda, propunha o abandono de um modelo que funcionava satisfatoriamente. De fato, com as correções introduzidas pelo matemático e astrônomo alemão Johannes Müller (*Regiomontanus*, em Latim), o sistema ptolomaico chegou à incrível precisão de 8' de arco em suas observações [6]. Nenhuma observação desafiava as previsões do modelo ptolomaico. Porém, os epiciclos e deferentes necessários passaram a ser cada vez mais complexos. A proposta heliocêntrica de Copérnico não oferecia, em geral, uma precisão melhor, mas representava uma considerável simplificação nos cálculos. Por isso, segundo Copérnico, deveria ser vista simplesmente como uma hipótese simplificadora, uma ferramenta adequada, e não como uma afronta ao geocentrismo, que certamente seria considerado como heresia, talvez pelo próprio Copérnico.

Houve várias propostas heliocêntricas na antiguidade. Aristarco já havia proposto, no século III a.C., um modelo heliocêntrico para a descrição dos movimentos dos corpos celestes. Houve também propostas heliocêntricas entre árabes e indianos. Todos esses modelos, porém, foram suplantados pela visão ptolomaica, a qual, além de ser perfeitamente adequada para descrever os movimentos dos corpos celestes então conhecidos, era também adequada às pretensões da Igreja, como já dissemos. A obra de Copérnico, no entanto, influenciou profundamente seu tempo e sua sociedade. Sua riqueza de dados e tabelas e a clareza de suas ideias ali expostas contaminaram muitas e muitas mentes, algumas das quais terminaram ousando desafiar o paradigma ptolomaico. A lista dos que pagaram por tal ousadia na fogueira é grande e inclui diversos nomes célebres, como Giordano Bruno. Foi Galileo, no século seguinte, quem definitivamente sepultou o modelo ptolomaico por meio das primeiras observações com luneta. Primeiro, identificou quatro luas de Júpiter: Io, Europa, Ganimedes e Calisto. Foi a primeira evidência de corpos celestes que não orbitavam em torno da terra. Depois, mostrou que Vênus possuía fases como a nossa Lua, algo impossível de ser explicado num modelo geocêntrico; finalmente a hipótese heliocêntrica foi confirmada. Galileo quase foi queimado pela Inquisição. *Eppur si mueve,*[8] teria murmurado Galileo após se retratar no tribunal da Inquisição.

1.4 Nossa posição diante do universo

Os pensadores da antiguidade observavam com muita frequência o seu esplendoroso céu. Desde muito cedo souberam da forma esférica da Terra. Como já vimos, ao medir o ângulo gerado pelos raios solares, ao meio-dia, por uma vara vertical e comparando-o com uma localidade onde o Sol no mesmo instante estava a pino, Eratóstenes, o bibliotecário de Alexandria, foi capaz de calcular, aproximadamente, o raio da Terra por volta do terceiro século antes de Cristo.

Como observadores perspicazes que eram, os antigos elaboraram mapas para a localização dos astros celestes. Na teoria de Ptolomeu, a Terra era o centro do universo. Já sabemos que Ptolomeu viveu em Alexandria, durante o segundo século depois de Cristo. Sua teoria era bem aceita pela Igreja, já que propunha que o homem era um ser privilegiado pela divindade, no centro do universo. Além disso, pode-se imaginar que a teoria alimentava o orgulho dos poderosos, que não apenas eram os donos do poder no lugar em que habitavam: apropriaram-se do próprio centro do universo. Esta situação psicológica ainda persiste hoje, quando muitos acreditam que há vida em outros planetas, enquanto outros insistem que isto é impossível. O *Almagest* de Ptolomeu juntamente com o *Elementos* de Euclides são os mais antigos textos científicos da humanidade. O *Almagest* foi refinado pelos autores árabes, o que posteriormente deu subsídio estrutural a Copérnico e Kepler.

Segundo Aritóteles, os corpos caem devido à sua tendência natural de ficar no centro do universo, e o centro do universo seria o centro da Terra. Isto nos leva a uma visão de mundo homocentrada, na qual todo o universo está naturalmente relacionado com a existência da Terra, cuja posição é privilegiada. Neste ponto, a física de Aristóteles e a astronomia de Ptolomeu acabam por se completar e, de fato, não podem admitir reinterpretações que, como vimos, terminaram por mudar completamente a visão de mundo, a partir de observações muito simples.

---

[8] Porém, se move, numa tradução livre, referindo-se ao movimento da Terra em torno do Sol.

O caminho das observações da antiguidade até a cosmologia moderna foi muito longo. Veremos como a revolução copernicana desembocou na grande revolução científica do século XVIII e na visão mecânica no universo, que acabou por modificar profundamente a relação entre o homem e a natureza, o que, em última análise, foi causa e motivação do fantástico avanço tecnológico posterior.

1.5 Uma longa jornada

Felizmente, a ciência não se desenvolve baseada apenas em opiniões, mas em fatos. Como vimos, Copérnico descobriu que as complicadas tabelas de Ptolomeu ficavam muito mais simples se, ao invés da Terra ser considerada como centro do universo, o Sol o fosse. Copérnico não teve problemas com o clero, pois deixou claro que isso era considerado apenas como uma hipótese de trabalho, e não como uma realidade. Quando outros filósofos, como Giordano Bruno, tomaram as ideias de Copérnico como verdades científicas, houve uma intensa reação – Giordano Bruno foi considerado herege, e queimado vivo. Todavia, com o tempo, os fatos impuseram-se. De acordo com a teoria de Ptolomeu, segundo a qual os planetas se movem em epiciclos (círculos menores cujos centros estavam por sua vez em círculos maiores em torno da Terra), Vênus nunca poderia ter fases como tem a Lua. Porém, essas fases foram observadas por Galileo, com o advento da luneta. Mais que isso, as observações mais modernas foram dando corpo a uma nova teoria, muito precisa e com maior poder de previsão.

Faremos uma breve revisão dos principais fatos que nos levaram da revolução de Copérnico até a cosmologia moderna. Obviamente, seria impossível fazer-se, num espaço tão curto, uma revisão de todos os avanços científicos, filosóficos e técnicos compreendidos nesse período sem algumas omissões.

As anotações astronômicas de Tycho Brahe, feitas em seus observatórios da ilha de Hven, localizada entre as atuais Dinamarca e Suécia, deram os subsídios necessários para o alemão Johanes Kepler formular três leis, conhecidas como Leis de Kepler. A primeira lei dizia que os planetas se moviam em elipses, com o Sol em um dos focos. A próxima, que a área varrida pelo planeta ao circum-navegar o Sol, por unidade de tempo, é constante. Finalmente, a terceira reza que o cubo do raio médio da órbita é proporcional ao quadrado do período de revolução. O inglês Isaac Newton mostrou que essas leis são consequência de outras mais simples e, muito importante, mais gerais: em primeiro lugar há um conceito de força. Agindo sobre os corpos, a força é proporcional à aceleração do corpo. A constante de proporcionalidade é igual à massa do corpo. Além disso, há uma força gravitacional entre os corpos proporcional ao produto das massas e ao inverso do quadrado da distância. Assim nascera a teoria newtoniana da gravitação universal. Newton precisou inventar o cálculo diferencial para resolver suas equações. Ao resolvê-las, mostrou que delas seguiam, como consequência, as leis de Kepler para o movimento planetário.

O universo passa a ter uma aparência completamente diferente: não há um centro privilegiado, nem a Terra, nem o Sol, mas uma infinidade de astros sujeitos à ação de uma lei fundamental, universal, regendo seus movimentos e suas trajetórias. Nascia, assim, a primeira descrição científica do cosmos.

Após Newton, vários desenvolvimentos seguiram-se dentro da física. Dois grandes campos firmaram-se. Por um lado, a física do pequeno, com a hipótese atômica ganhando força e finalmente se impondo, e de outro lado, a união de dois tipos de força conhecidos milenarmente: o magnetismo (do antiquíssimo ímã) e a eletricidade (do pré-histórico relâmpago). Foi com grande surpresa que se verificou, no século XIX, que as leis que regem o eletromagnetismo são diferentes das leis que regem a mecânica dos corpos – aquela descoberta séculos antes por Isaac Newton. Para acomodar esses dois tipos de leis, foi proposto que os fenômenos eletromagnéticos (e a luz é um destes fenômenos) só ocorreriam em um tipo de geleia universal chamada éter, que preenche todo o espaço. Todavia, foram vãs as tentativas de se detectar o éter.

Em 1905, Albert Einstein, que trabalhava no departamento de patentes em Berna, na Suíça, propôs que todas as leis devem ter a mesma forma. Não importava de onde observássemos um fenômeno, seja de um trem em movimento, seja parados vendo-os acontecer, tanto o fenômeno eletromagnético como o mecânico devem se comportar da mesma maneira. Assim, ele modificou as leis de Newton – na verdade, a modificação era muito pequena e, com os aparelhos da época, não podia ser observada em fenômenos mecânicos, pois era da ordem (tamanho) do quadrado da relação entre a velocidade do objeto e a velocidade da luz! Lembremos que a velocidade da luz é de 300.000 quilômetros por segundo! Dessa maneira, a modificação em fenômenos do dia a dia (movimento de uma pessoa ou de um carro, por exemplo) não poderia ser notada por ser menor que uma parte em mil trilhões! No entanto, quando aplicada ao macrocosmo, a teoria da relatividade traz várias consequências. Desse modo, a teoria da gravitação de Newton também foi mudada para ser relativística, ou seja, para obedecer à teoria da relatividade.

Einstein acreditava que o universo fosse estático. Tentou resolver suas equações para a relatividade geral (assim foi chamada a nova teoria da gravitação), para obter um universo estacionário, e encontrou dificuldades, sendo possível encontrar tal solução apenas no caso de se modificarem as equações com um termo chamado cosmológico. Outras soluções existiam, as quais, todavia, não eram estáticas e que sugeriam um universo em expansão.

Em 1929, o astrônomo Edwin Hubble verificou que as estrelas distantes estavam se afastando de nós, e que a velocidade de afastamento era proporcional à distância que estivéssemos da estrela. Ora, se tomarmos um elástico, pintarmos nele pontos equidistantes e começarmos a esticá-lo, vamos verificar que também a velocidade relativa de um ponto a outro é proporcional à distância – isso significa que as observações de Hubble implicam em um universo em expansão, de acordo com as equações originais da teoria da relatividade geral! E mais, se o universo está em expansão, houve um dia em que tudo estava comprimido numa pequena região do espaço. A origem do universo, portanto, estaria associada a um tipo de grande explosão. Foi, contudo, uma explosão bastante peculiar, diferente das que estamos acostumados: todos os pontos do espaço explodem simultaneamente, ou seja, não há um centro privilegiado! Pela primeira vez na história, estamos nos aproximando da origem de nosso universo. Hoje, estamos em condições de descrever grande parte da mais fantástica das jornadas: a história do nosso universo.

CAPÍTULO 2

O Nascimento da Ciência Moderna: o Método Científico

A ciência não pôde se desenvolver até o início da Idade Moderna, da maneira como vemos nos dias de hoje, pela falta de um ingrediente essencial: o método científico.

Os gregos foram bons observadores. Vimos que descobriram fatos complexos, inventaram a matemática e a lógica. No âmbito específico da física, jamais passaram de fatos elementares. A causa de tudo isso não é mais nem menos que a ausência do método de avanço da ciência. Foi muito parecido com o que aconteceu no Oriente, mesmo em tempos mais modernos.

A matemática avançou muito entre árabes e indianos. Toda a álgebra (cujo nome vem do árabe) floresceu no Oriente Médio. Várias invenções vieram da China, onde o conhecimento avançou também na direção do homem, na filosofia, nas plantas, nas técnicas e nas inovações. Conforme nos conta Abdus Salam em sua aula, quando ganhou o prêmio Nobel, Michael, o escocês, foi buscar conhecimento em Toledo, na Espanha, entre os árabes, em 1217. Na época, eram também famosos os médicos islâmicos Al-Razi e Avicenna, e Aristóteles fora reintroduzido na Europa através de traduções do árabe.

Foi o método científico que propiciou o grande avanço material do Ocidente moderno. Quando se estuda um fenômeno qualquer, ao se tentar compreendê-lo, devemos começar por algo inteligível, cognoscível de modo simples ao nosso intelecto. Esse é um procedimento que quase nunca é simples. Suponhamos que vamos descrever um movimento. Se começarmos pelo movimento de uma carroça, ou de uma pedra ao ser jogada no chão, rolando subsequentemente, veremos que o problema é extremamente complexo. Se for o movimento de um pião, teremos grande dificuldade até mesmo para saber que movimento descrevemos, pois há, de fato, vários movimentos. Afinal, um pião não cai enquanto gira e, muitas vezes, tem um movimento dito de precessão em torno de seu eixo, um bamboleio, e, ao diminuir sua rotação, cai de modo quase misterioso. Da mesma maneira, uma pedra rola de modo diferente cada vez que a jogamos no chão, dependendo de detalhes de como ela foi jogada.

É quase impossível aprender algo sobre movimento dentro de condições tão complexas; no entanto, era assim no início. A física, desde os gregos, era bastante holística. A essência de cada fenômeno não era separada, e questões envolvendo várias componentes tornam-se complexas demais para uma compreensão total ao mesmo tempo. E assim continuou a ser a ciência nas várias regiões do mundo.

Um dos primeiros usos modernos do método foi feito por Kepler, no que podemos chamar de antecedente ao método. Kepler tomou os dados puros de Tycho Brahe e procurou formular leis simples que os descrevessem. É o que chamaríamos hoje de fenomenologia. Não era ainda, todavia, o método científico de Bacon, Galileo e Descartes. Este nasceria do uso sistemático de modelos simplificados. A experiência da queda dos corpos é um exemplo. Compara-se a queda de duas pedras, por exemplo, e não uma pedra e uma folha, que cairiam de modo diferente, tendo em vista que suas estruturas são enormemente diferentes. Assim, de modo simples, podemos dizer que os corpos caem, na terra, com a mesma aceleração, desde que abandonemos a resistência do ar, importante na queda de uma folha. Este procedimento nos dá uma explicação da essência da queda dos corpos. É o método científico em ação.

2.1 O método científico

Para chegarmos à cosmologia, o estudo sobre o universo como um todo, consideraremos agora a revolução científica de Galileu e Descartes. O método científico pode ser explicado de maneira simples através do uso sistemático da matemática nas ciências e através dos preceitos deixados por Descartes [7], em número de quatro, que são:

1. *Jamais aceitar como exata coisa alguma que não se conhecesse à evidência como tal.* Assim, a verdade deve ser absolutamente comprovada, evitando-se precipitação e hipóteses falsas, duvidosas ou ambíguas. No método científico não há lugar para preconceitos, mas só verdades incontestes podem ser admitidas como tal.

2. *Dividir cada dificuldade a ser examinada em tantas partes quanto possível e necessário para resolvê-las.* Isso significa que estudamos

Figura 2.1 Francis Bacon (* Londres, Inglaterra, 1561, † Londres, Inglaterra, 1626). Filósofo e estadista inglês, foi uma das figuras centrais na formulação e difusão do método científico, na época também chamado de método Baconiano.

cada faceta de um problema em separado, até compreendermos totalmente como aquela particular faceta faz parte da totalidade. Este foi um passo essencial, pois permitiu deduzir as leis da mecânica aperfeiçoando-as aos poucos, até que se fizessem perfeitas aos problemas práticos. Este passo jamais foi dado pelos gregos.

3. *Pôr em ordem os pensamentos, começando pelos assuntos mais simples de serem conhecidos, para atingir, paulatinamente, gradativamente, o conhecimento dos mais complexos, e supondo ainda uma ordem entre os que não se precedem normalmente uns aos outros.* Esta regra completa a anterior.

4. *Fazer, para cada caso, enumerações tão exatas e revisões tão gerais que se esteja certo de nada haver esquecido.*

Com o método científico em mãos, levando em conta as observações detalhadas anteriores ao século XVII, foi possível a Isaac Newton realizar a grande revolução científica dentro da ciência. O trabalho de Newton tornou-se a base sólida da física clássica. Com as leis de Newton, puderam-se confirmar as leis de Kepler de modo dedutivo. Este foi o grande sucesso de Newton.

As ideias de Bacon, Galileo e Descartes evoluíram bastante desde o século XVII. Numa linguagem moderna, o método científico consiste em sete etapas:

Figura 2.2 Guilherme de Occam (* Surrey, Inglaterra, 1285, † Munique, Alemanha, 1349). Religioso franciscano inglês, é considerado o pai da epistemologia. O princípio da navalha de Occam é muito difundido no mundo científico. Geralmente, está associado ao dito *Entia non sunt multiplicanda praeter necessitatem* (Entidades não devem ser multiplicadas além do necessário), atribuído, no entanto, a filósofos posteriores.

1. *Considere uma questão sobre a natureza.*
2. *Recolha as evidências experimentais pertinentes.*
3. *Formule hipóteses explicativas.*
4. *Deduza suas implicações.*
5. *Teste experimentalmente as implicações.*
6. *Aceite, rejeite ou modifique as hipóteses, com base nos resultados experimentais.*
7. *Defina as situações de aplicabilidade das hipóteses.*

A conclusão destas etapas pode ser rápida, alguns dias, ou muito lentas, um século. Atualmente, exige-se também que estas etapas sejam reproduzidas por pesquisadores e laboratórios independentes.

O método científico é em geral aplicado conjuntamente com o chamado princípio da navalha de Occam, que estabelece a "parcimônia de postulados", também chamado de "princípio da simplicidade". Segundo o princípio da navalha de Occam, se houver duas explicações possíveis para um mesmo fato, deve-se preferir a *mais*

Figura 2.3 Galileo Galilei (* Pisa, Itália, 1564, † Arcetri, Itália, 1642). Filósofo, físico e astrônomo italiano, é considerado o pai da física moderna. Inventou o telescópio, formulou a primeira lei da mecânica (lei da inércia). Foi pioneiro na análise matemática quantitativa de resultados experimentais, atividade essencial no método científico moderno. Seus conflitos com a Igreja Católica são célebres.

simples. É um princípio heurístico, usado como guia na formulação de teorias, e não um princípio científico fundamental. Newton tinha sua própria versão da navalha de Occam, segundo a qual não se deve admitir nenhuma outra causa dos fenômenos naturais além daquelas suficientes para explicá-los.

A importância do método é tanto maior quanto maior seu sucesso. As aplicações técnicas da ciência foram de enorme sucesso, já que as explicações simples permitiram a construção de aparelhos simples que usavam as leis mais importantes. As forças e suas ações permitiram uma compreensão maior das construções empreendidas. Possibilitou-se, posteriormente, a construção de novas máquinas, havendo um enriquecimento da sociedade. Bem mais tarde, com a compreensão maior de fenômenos elétricos e magnéticos, chegou-se à formulação do eletromagnetismo, cuja tecnologia decorrente modifica a vida até os dias de hoje.

Com o método científico passamos, portanto, à descrição da física como ciência moderna, e partimos em direção a um grande progresso. O Iluminismo ganha forças e a ciência tem um progresso jamais visto antes na história da humanidade, e a partir desse ponto, até hoje, o desenvolvimento técnico e científico é, a cada dia, maior e mais presente.

Figura 2.4 René Descartes (* La Haye en Touraine posteriormente, La Haye-Descartes ou, simplesmente, Descartes, França, 1596, † Estocolmo, Suécia, 1650). Filósofo e matemático francês, é considerado o pai da filosofia moderna, do chamado racionalismo europeu. Introduziu também o sistema cartesiano de coordenadas e formulou a geometria analítica, que teve grande influência no desenvolvimento do cálculo. Em uma de suas obras, *O Discurso Sobre o Método*, assenta as bases do método científico moderno.

CAPÍTULO 3

A Mecânica de Newton e a Gravitação Universal

3.1 Tycho Brahe e as Leis de Kepler

A segunda metade do século XVI foi uma época muito difícil devido às guerras religiosas entre o Catolicismo e a Reforma, notadamente na Alemanha, terra do reformador Martinho Lutero, na época dominada por Carlos V (ou I, na Espanha, ou ainda Sacro Imperador Romano), da dinastia dos Habsburgos (casa dos Áustrias, em espanhol), profundamente católico e alinhado ao papa. Johannes Kepler nasceu em 1571, em Weil der Stadt, nas proximidades de Stuttgard, em uma família protestante, não imune às tensões do seu tempo. Ao contrário de Brahe, seu entorno familiar era desestruturado e um tanto conflituoso. Descendia de uma família burguesa empobrecida, seu pai era rude e violento, ganhando a vida como soldado mercenário. Sua avó materna fora queimada por bruxaria; e, por muito pouco, de fato, devido à sua intervenção pessoal, sua própria mãe não teve o mesmo destino. Já cedo, por acreditar e apoiar a teoria de Copérnico, Kepler entrou em conflito com os clérigos protestantes. Com ajuda de Mästlin, seu professor, foi enviado a Graz, cidade da Áustria dominada pelos Habsburgos católicos, para ocupar um cargo de professor de astronomia e matemática. Tinha, então, 23 anos. Seu trabalho dessa fase foi marcado por profundo misticismo. Sua obra *Mysterium Cosmographicum* foi, a princípio, rejeitada por entrar em conflito com as escrituras sagradas, sendo, todavia, posteriormente publicada. Devido à Contrarreforma, Kepler foi, inicialmente, afastado de seu trabalho e mais tarde, em 1599, expulso de Graz. Acabou mudando-se para Praga, convidado por Brahe para ser seu assistente. Conviveram e trabalharam por dois anos.

Figura 3.1 Johannes Kepler (* Weil der Stadt, próximo a Stutgard, Alemanha, 1571, † Regensburg, Alemanha, 1630). Astrônomo e matemático alemão, imortalizado por suas leis do movimento planetário, expostas em suas obras *Astronomia Nova* e *Harmonice Mundi*.

Kepler dedicou-se quase integralmente a construir uma descrição geométrica simples para a enorme quantidade de dados compilados por Brahe ao longo de sua vida. Tentou, debalde, moldá-los em um sistema de esferas girantes, porém, diminutas discrepâncias indicavam que os dados precisos de Brahe não se coadunavam a tal sistema de esferas. Todavia, Kepler acreditava profundamente na geometria, e procurou uma figura geométrica que pudesse descrever os dados de Brahe, achando-a nas elipses. No trabalho sobre o movimento de Marte, publicado em Praga em 1609, Kepler mostra que os dados de Brahe apontavam para uma órbita elíptica, e que o planeta tinha uma velocidade variável, obedecendo a uma lei simples envolvendo, em posição de destaque, o Sol. Quando tais leis são levadas em conta, o antigo sistema de epiciclos de Ptolomeu, que de fato foi sendo modificado e ficando cada vez mais complexo para que se considerassem aspectos mais detalhados do movimento planetário, cai definitivamente por terra, pois as complexidades dos movimentos são explicadas de um modo muito mais simples, no sistema heliocêntrico, com órbitas elípticas. É a navalha de Occam[1] em ação.

Para compreendermos a radical mudança no entendimento dos movimentos dos astros motivada pelo modelo de Kepler, devemos considerar que a visão moderna foi uma junção de alguns fatos. Em primeiro lugar, temos o sistema heliocêntrico de Copérnico, que simplificava a explicação de uma série de observações. Em seguida, com os dados de Tycho Brahe, vieram as leis de Kepler, que trouxeram novos elementos para o sistema de Copérnico. Kepler, como neoplatonista, acreditava na beleza das leis, e que a matemática era o arquétipo da beleza do mundo. Acreditava também que o Sol era a causa dos movimentos celestes. Isso era uma drástica mudança de pontos de vista. Para os platonistas, a finitude do universo aristotélico

---

[1] Ver Capítulo 2.

era incompatível com a perfeição divina. A deidade platonista tinha uma imensa fecundidade. Esses jogos de ideias estavam na mente dos filósofos e teólogos havia muito tempo, eram ideias que levavam a teorias sobre a origem do divino. No antigo Egito, Amenothep, pai de Tutancâmon, iniciou o culto ao Sol (Amon) como origem do divino. Esse faraó foi o fundador do monoteísmo, contrariando os sacerdotes, por quem possivelmente teria sido assassinado. Em uma parte do texto de Copérnico, ele chega a afirmar explicitamente que no meio de tudo senta-se o sol em seu trono. Poderíamos achar lugar mais apropriado para este magnífico luminar? Ele é corretamente chamado a lâmpada, a mente, o mestre do universo; Hermes Trimegistus o chama de deus visível. Também os gregos associavam o herói ao Sol: Apolo o leva em seu carro todos os dias. Para a literatura, o caminho do Sol é o caminho do herói, como Fausto de Goethe ou Ulisses na Divina Comédia de Dante. Para a igreja, essas ideias vão contra sua pretensão de mestra do mundo.

Os conceitos de Kepler eram extremamente intuitivos, e baseavam-se em ideias religiosas e alquímicas, colocando, por exemplo, a trindade divina nos elementos de uma esfera. Nas palavras de W. Pauli, registradas em seu livro em coautoria com C. Jung [8], Kepler nos dá a imagem interpretativa do conhecimento como uma junção das impressões externas com imagens internas do espírito, já preexistentes.

3.1.1 Leis de Kepler

Com base nos dados de Tycho Brahe, Kepler formulou as seguintes leis para os movimentos planetários:

1. As órbitas são elípticas, com o Sol em um dos focos.

2. Dado um determinado intervalo de tempo, as áreas varridas pelos planetas em seus movimentos são sempre as mesmas (veja Figura 3.2).

3. O quadrado do período é proporcional ao cubo do raio de revolução para todos os planetas em torno do Sol.

A primeira lei é uma elaboração fenomenológica baseada nas observações detalhadas de Tycho Brahe para a órbita de Marte. Sua dedução assemelha-se, em vários aspectos, à pesquisa científica moderna: guiado por seu modelo geométrico, baseado em suas ideias arquetípicas, Kepler tenta entender os dados da órbita de Marte. A segunda lei, a lei das áreas, decorre de uma generalização do modelo esférico compatível com os dados observacionais.

Finalmente, a terceira lei dá destaque ao Sol como mantenedor dos planetas, posto que é uma mesma lei para todos os planetas ao mesmo tempo, independentemente dos detalhes de cada órbita. Esta última lei, anunciada em seu *Harmonice*

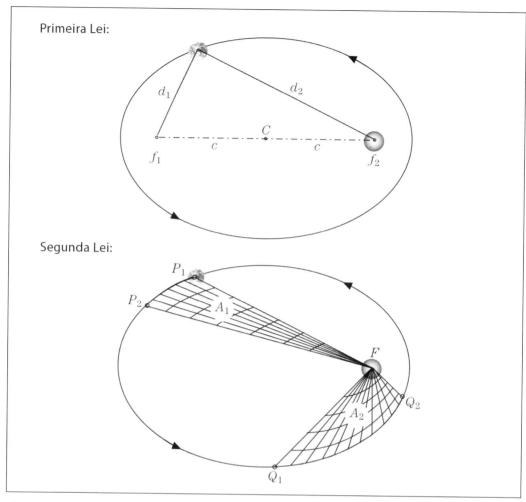

Figura 3.2 Leis de Kepler: Planetas seguem órbitas elípticas, com o Sol em um dos focos. Considere a área varrida pelo segmento de reta que une o planeta ao Sol, como indicado na figura. A velocidade do planeta ao longo da órbita é tal que áreas iguais são varridas em tempos iguais, implicando que, no periélio (ponto da órbita mais próximo ao Sol), o planeta tem velocidade maior que no afélio (ponto mais distante). Isto explica por que o verão é alguns dias mais curto no hemisfério Sul do que no hemisfério norte.

Mundi, coroa os esforços de Kepler para entender o Sol como causa e fonte de todos os movimentos planetários. Ela não prevê novidades nas órbitas, mas, relacionando planetas diferentes, aponta para uma única fonte, o Sol, como mestre desta lei. Essa relação, satisfeita para todos os planetas, não havia sido pensada antes, e fascinou a Kepler muito mais que as outras duas leis. Esta regra *universal* para vários astros era o que Kepler buscava como *harmonia do mundo*. Kepler ainda considerou várias outras maneiras matemáticas e geométricas de se pensar o mundo e os planetas, porém vamos parar neste ponto para prosseguirmos em direção aos fatos que interessam mais à física moderna e à teoria da gravitação.

3.2 Isaac Newton e a mecânica clássica

Isaac Newton foi uma das personalidades mais complexas e notáveis da ciência. Após a compreensão filosófica de Galileo, que juntamente com Descartes trouxe a metodologia para a ciência, com uma contumaz crítica ao pensamento científico Aristotélico, Newton foi o primeiro físico matemático, colocando definitivamente a Matemática no âmbito da explicação quantitativa dos fenômenos físicos. A teoria newtoniana da mecânica e da gravitação requer uma compreensão nova do universo físico, e tem a descrição de Galileo como substrato para sua formulação.

Newton nasceu em Woolsthorpe, perto de Grautham, no Natal de 1642, calendário juliano. Entrou no Trinity College, em Cambridge, em 1661. Durante a grande peste, nos anos de 1665 e 1666, permaneceu na fazenda familiar, quando desenvolveu várias técnicas de cálculo integral e diferencial. Trabalhou também, nessa mesma década, no movimento circular, tendo descoberto a fórmula da aceleração centrípeta ($a = v^2/r$). Foi eleito Fellow do Trinity College ao retornar a Cambridge. Newton teve muitos interesses. Estudou, nessa época, teologia, em especial a questão da Santíssima Trindade. Publicou os *Philosophiae Naturalis Principia Mathematica* [9] em 1687, após muita maturação e muito estudo. De fato, houve também trocas de correspondência com Robert Hooke e intensas discussões com Edmond Halley, após o que o movimento dos corpos celestes foi descrito usando-se o que hoje é conhecido como *As Leis de Newton*.

Figura 3.3 Isaac Newton (* Woolsthorpe, Inglaterra, 1642, † Londres, Inglaterra, 1727). Gênio de primeira magnitude, Newton foi um dos pilares da física clássica e figura central da revolução científica do século XVIII.

Newton mudou-se para Londres em 1696, depois de ficar por vários anos bastante solitário em Cambridge. Em Londres, teve uma vida mais agitada. Foi eleito presidente da *Royal Society*, em 1703, e feito cavaleiro em 1705. No final de sua vida, Newton dedicou-se mais à teologia e à alquimia. Sua terceira edição dos *Principia* apareceu em 1726, quando o autor já tinha 83 anos. Seu falecimento ocorreu no ano de 1727.

A mecânica clássica nasceu de algumas observações importantes legadas por Galileu e das Leis de Newton. Galileo observou, em uma linguagem traduzida para conceitos modernos, que:

1. Um corpo em movimento retilíneo e uniforme continuará, na ausência de forças (ou seja, caso estiver isolado), em seu estado de movimento, perpetuamente.

2. Sob a ação da gravidade, corpos diferentes caem com a mesma aceleração.

3. O movimento dos corpos pode ser descrito por um sistema cartesiano. Dois sistemas que difiram por uma rotação fixa, ou por uma velocidade relativa constante, são fisicamente equivalentes.

A primeira destas leis é a lei da inércia. Marca uma grande mudança conceitual em nosso conhecimento da mecânica dos corpos e está ligada à nossa compreensão do movimento planetário e do universo. Quando Aristóteles discutiu o problema do vácuo, argumentou que se um corpo no vácuo tivesse um movimento uniforme, ele permaneceria neste estado para sempre. Então, erroneamente concluiu que isso seria um absurdo, e que, portanto, o vácuo não pode existir. Na verdade, ele poderia ter formulado a lei da inércia quase 2.000 anos antes! Essa compreensão só veio, no entanto, com uma visão da ciência em que se procura reduzir as leis às suas propriedades essenciais, colocando-as em uma perspectiva na qual o fenômeno possa ser simplificado a questões pertinentes apenas àquela lei. Em outras palavras, essa compreensão só foi possível devido ao método científico. Note-se que o caso de um corpo em repouso pode ser visto como um caso particular do movimento retilíneo e uniforme, um movimento com velocidade zero.

A segunda observação, que faz uso do reducionismo acima mencionado, é essencialmente empírica. Virá a ser crucial muito mais tarde, no século XX, porém já define, neste ponto, a aceleração da gravidade, universal para todos os corpos. A terceira lei, conquanto mais descritiva, permite a definição dos chamados sistemas inerciais, fundamentais para a formulação de problemas físicos.

As leis da mecânica newtoniana envolvem o conceito-chave de inércia, a propriedade dos corpos resistirem à aceleração, a tendência, na ausência de forças externas, dos corpos em repouso assim continuarem e daqueles que estiverem em movimento seguirem uma trajetória retilínea e uniforme. A segunda lei da mecânica estabelece que a força $\vec{F}$, necessária para romper a inércia de um corpo, imprimindo-lhe uma aceleração $\vec{a}$, é proporcional à quantidade de matéria do corpo (sua massa m): $\vec{F} = m\vec{a}$. As perguntas naturais que surgem daqui são: repouso em relação a quê? Trajetória retilínea vista por quem? Aceleração referente a quê? Segundo Newton, os estados de movimento estariam todos definidos em relação a um referencial inercial absoluto, eterno e imóvel. O referencial absoluto coincidiria, numa aproximação muito boa, com o referencial no qual as estrelas distantes estão em repouso. Newton propôs vários experimentos para determinar movimentos em relação ao referencial absoluto. O mais famoso fala sobre a detecção de movimentos de rotação. Numa versão informal devida a Steven Weinberg, esse experimento é descrito da seguinte maneira: saia ao ar livre numa noite clara. Deixe seus braços livres e descansados e olhe para o céu. Gire em piruetas. De maneira inequívoca, você verá as estrelas girarem na direção contrária à sua rotação e sentirá seus braços se abrirem. A aparição da força centrífuga responsável pela abertura dos seus braços seria a evidência direta do seu estado de movimento em relação ao referencial das estrelas distantes. A concepção newtoniana do referencial absoluto foi duramente contestada por um dos seus grandes oponentes, Gottfried Wilhelm von Leibniz, para quem a hipótese do referencial absoluto deveria ser desnecessária, e somente haveria sentido em falar-se sobre movimentos relativos entre corpos materiais, e não sobre movimentos absolutos. Um longo e celebrado debate filosófico prosseguiu durante o século XVIII a partir destas discussões.

Newton também propôs uma teoria para a gravitação, a qual, em conjunto com suas leis dinâmicas, era capaz de descrever os movimentos dos corpos celestes. Segundo sua teoria da gravitação universal, dois corpos sempre se atraem com uma força inversamente proporcional ao quadrado de sua distância, e diretamente proporcional ao produto de suas massas. Newton foi o primeiro a estabelecer, usando experimentos com pêndulos, a igualdade entre as massas inerciais (presentes nas leis da dinâmica) e gravitacionais (presentes na lei da gravitação universal) para todos os corpos. Essa igualdade é o embrião para uma interpretação muito mais sofisticada da gravitação que só apareceu no século XX, com a relatividade geral de Einstein. A gravitação universal de Newton e suas leis da dinâmica formam o paradigma científico de maior sucesso da história da ciência, usadas até hoje para a descrição do movimento de corpos celestes, naturais ou não, levando, inclusive, à descoberta de novos planetas, como ocorreu com Netuno, em meados do século XIX. John Couch Adams, astrônomo inglês, estudando perturbações inesperadas na órbita de Urano, segundo as leis de Newton, previu, em 1845, a existência de um novo planeta. Informou sua posição a James Challis, do Observatório de Cambridge. Challis, porém, demorou muito para observar o novo planeta. Enquanto isso, de maneira independente, o francês Urbain Jean Joseph Leverrier fazia uma análise semelhante e, em 1846, informou Johann Gottfried Galle, do Observatório de Berlim, que identificou Netuno em poucas horas. Desde então, atribui-se a Leverrier a descoberta teórica da existência de Netuno. Fora, então, a consagração da gravitação newtoniana e do método científico. Ironicamente, Netuno já havia sido observado desde Galileo! Porém, fora identificado até então como uma fraca estrela. Plutão foi descoberto de maneira semelhante, a partir de discrepâncias observadas na órbita de Netuno, no início do século XX. Na mesma época, eram conhecidas discrepâncias na órbita de Mercúrio, o mais interno e rápido dos planetas do sistema solar. Essas discrepâncias foram atribuídas a um outro planeta. Batizado como Vulcano, chegou a ser tema de várias estórias de ficção científica. Porém, Vulcano nunca foi encontrado, simplesmente porque nunca existiu. As discrepâncias na órbita de Mercúrio devem-se a efeitos relativísticos, ignorados na teoria newtoniana. A explicação das pequenas discrepâncias verificadas na órbita de Mercúrio em relação às previsões newtonianas foi um dos grandes sucessos da teoria da relatividade geral de Einstein.

3.2.1 Leis de Newton

São três as leis fundamentais de Newton para a dinâmica:

1. Um corpo em movimento retilíneo e uniforme continuará, na ausência de forças (ou seja, caso estiver isolado), em seu estado de movimento, perpetuamente (Lei da Inércia de Galileo).

2. Sob a ação de uma força externa $\vec{F}$, a taxa de variação da quantidade de movimento[2] $\vec{p}$ de um corpo é igual a força $\vec{F}$. Isso significa que $\frac{d}{dt}\vec{p} = \vec{F}$.

3. A toda ação corresponde uma reação igual e contrária.

A terceira Lei, conhecida como Lei da Ação e Reação, merece alguns comentários extras. Ela pode ser entendida no contexto das interações de contato entre dois corpos. Newton ilustra esta lei com a seguinte situação[10]: "*Se um cavalo puxa uma corda atada a uma pedra, o cavalo (...) será igualmente puxado para trás pela pedra; com efeito, a corda distendida, pela mesma tendência a se relaxar ou soltar, puxará tanto o cavalo para a pedra como a pedra para o cavalo, e obstruirá tanto o avanço de um deles quanto facilita o da outra*". Para o caso das interações de contato, a terceira lei pode facilmente ser deduzida a partir da segunda, a qual contém, como um caso particular (ausência de força), a primeira.

Newton aplicou suas leis da dinâmica com sucesso em várias situações. Essas aplicações envolvem necessariamente uma profunda análise do conceito de força. Nosso interesse, porém, foca-se nas aplicações ao movimento planetário, para as

---

[2] A quantidade de movimento, ou *momentum*, de um corpo é definido como $\vec{p} = m\vec{v}$, sendo m a massa inercial e $\vec{v}$ a velocidade do corpo. Em situações onde m permanece constante $\frac{d}{dt}\vec{p} = m\frac{d}{dt}\vec{v} = m\vec{a}$, sendo $\vec{a}$ a aceleração do corpo, ou seja, temos a fórmula conhecida $\vec{F} = m\vec{a}$, i.e., *força é massa vezes aceleração*.

quais Newton formulou uma outra lei que, conjuntamente com as leis da dinâmica, forma o pilar fundamental da mecânica clássica ou newtoniana. Trata-se da lei da gravitação universal, que descreve a força de interação gravitacional.

3.2.2 Lei da gravitação universal

Newton guiou seu estudo das órbitas dos planetas com a hipótese de que suas Leis da dinâmica tinham caráter universal, isto é, deveriam ser válidas não só nas situações cotidianas, nos fenômenos mecânicos à sua volta, mas também para o movimento dos corpos celestes. Dessa forma, Newton proporia uma unificação para a explicação do movimento: as mesmas leis da dinâmica descreveriam movimentos em escalas tão diferentes como a dos pêndulos e molas que podiam ser construídos por Newton, como a dos planetas e outros corpos celestes. Esta situação é ilustrada perfeitamente com a estória popular[3] de que Newton procurava entender o movimento planetário e o da queda de uma maçã como fenômenos de mesma essência.

De acordo com a segunda lei de Newton, nenhum corpo celeste que siga as leis de Kepler pode fazê-lo livre de forças externas, já que, se assim estivessem, suas trajetórias deveriam ser linhas retas. As leis de Kepler também destacavam, de maneira especial, o papel do Sol como mantenedor e responsável pelas órbitas elípticas dos planetas. Newton, então, procurou descobrir qual força seria responsável pelas órbitas elípticas e concluiu, numa brilhante dedução envolvendo geometria e o cálculo diferencial que ele mesmo inventara, que tal força deveria ser atrativa, atuar na direção definida pelo Sol e pelo planeta em questão e ser inversamente proporcional ao quadrado da distância do Sol ao planeta. Ela também poderia ser proporcional à distância do Sol. Todavia, esse caso estaria em contradição com a terceira lei de Kepler. Para que a mesma força pudesse ser usada para todos os planetas conhecidos, a força também deveria ser proporcional à massa do planeta. Para poder ser usada ainda em outras situações, como no caso do movimento da Lua, idêntico ao dos planetas, porém com a Terra como elemento mantenedor da órbita, a força também deve ser proporcional à massa do corpo mantenedor, o Sol, no caso dos planetas, e a Terra, no caso da Lua. Matematicamente, a força se expressaria como

$$\vec{F}_{12} = G\frac{m_1 m_2}{r^2}\hat{r}_{12}, \tag{3.1}$$

sendo $\vec{F}_{12}$ a força atuando no corpo 1, devido à atração gravitacional do corpo 2, m_1 e m_2, respectivamente, as massas (gravitacionais) dos corpos 1 e 2, r a dis-

---

[3] Não há registro nas obras científicas de Newton desta estória. Há, porém, diversas fontes confiáveis que afirmam que a queda de uma maçã foi, mais de uma vez, usada por Newton em explicações sobre a atração gravitacional. Não há nenhum relato, porém, que sugira que a maçã caíra-lhe na cabeça...

tâncias entre os corpos 1 e 2 e, finalmente, $\hat{r}_{12}$ o vetor de comprimento unitário que aponta do centro de gravidade[4] do corpo 1 em direção ao centro de gravidade do corpo 2. Note que, apesar de não ser uma interação de contato, essa força obedece à terceira lei de Newton, $\vec{F}_{21} = -\vec{F}_{12}$.[5] A lei (Equação 3.1) têm caráter universal, isto é, é válida para quaisquer dois corpos no universo, sejam a Terra e o Sol, Marte e o Sol, a Terra e a Lua, ou a Terra e a maçã. Ela é a base da teoria de Newton da Gravitação Universal. Do ponto de vista epistemológico, as massas que figuram na lei (Equação 3.1) não têm por que serem as mesmas presentes na segunda lei de Newton. Do ponto de vista observacional, Galileo houvera estabelecido a igualdade das massas inercial e gravitacional na famosa experiência da queda dos corpos. Porém, os conceitos mais modernos ainda não estavam perfeitamente definidos. Newton foi o primeiro a estabelecer experimentalmente a igualdade entre as massas inerciais (as da segunda lei de Newton) e as gravitacionais (as da gravitação universal), para diversos corpos de diferentes composições, valendo-se, para isso, de experimentos com pêndulos. Em (3.1), G é uma constante universal, a chamada constante de Newton.

Com a hipótese da gravitação universal (Equação 3.1) e suas leis da dinâmica, Newton pode deduzir as três leis de Kepler. Assim, por exemplo, da hipótese de que Marte segue as leis da dinâmica e que entre Marte e o Sol há uma força de atração como (3.1), Newton deduziu que: 1) a órbita de Marte era necessariamente elíptica com o Sol num dos focos; 2) no periélio, Marte se movimenta mais rápido que no afélio (lei das áreas de Kepler, Figura 3.2); 3) o quadrado do período de revolução de Marte em torno do Sol é proporcional ao cubo da sua distância média ao Sol. Mais que isso, Newton pôde mostrar que a constante de proporcionalidade da terceira lei de Newton era, basicamente, a massa do Sol. Como já foi dito, Newton também teve sucesso com a lei da gravitação universal ao estudar o movimento da Lua e dos corpos na superfície da Terra, incluindo as marés. Além disso, Newton pôde fazer previsões precisas sobre o movimento dos cometas, corpos que possuem uma órbita elíptica com excentricidade bastante acentuada.

Os planetas seguem as leis de Kepler em primeira aproximação. Isto significa que, se analisadas cuidadosamente e descritas com alta precisão, maior que as observações a olho nu de Brahe, veremos que as órbitas reais dos planetas diferem um pouco das previstas pelas leis de Kepler. Essas pequenas discrepâncias podem, porém, ser perfeitamente explicadas pelas leis de Newton. Neste sentido, as leis de Newton merecem ser consideradas como mais fundamentais que as de Kepler. A lei da gravitação universal (Equação 3.1) implica que, sobre Marte, por exemplo, atuam forças gravitacionais não só devidas ao Sol, mas também as devidas

---

[4] A noção do centro de gravidade foi definida por Newton nos *Principia*. Para nossas intenções aqui, porém, vamos nos restringir a corpos simétricos e de composição homogênea, caso em que o centro de gravidade coincide com o centro geométrico do corpo.

[5] Já que, por construção, $\hat{r}_{12} = -\hat{r}_{21}$.

a todos os outros corpos do sistema solar. No entanto, sabe-se que, depois do Sol, o corpo de maior massa do sistema solar é Júpiter.[6] Mesmo assim, a força sobre Marte devida a Júpiter corresponde a uma pequena fração daquela correspondente ao Sol. É natural, portanto, esperar que a força devida a Júpiter perturbe levemente a órbita que Marte seguiria caso estivesse apenas sob a ação da atração gravitacional do Sol. A órbita real corresponde, então, à órbita kepleriana, como consequência da atração do Sol, com pequenas correções devido à presença de Júpiter. Todos os outros corpos do sistema solar têm efeito completamente desprezível na órbita de Marte. Esta é a natureza das citadas perturbações nas órbitas de Urano e Netuno, que levaram à descoberta, respectivamente, de Netuno e Plutão. Essas perturbações são também bastante relevantes no estudo das órbitas dos cometas.

Nosso último comentário sobre a gravitação universal de Newton é sobre seu caráter de *ação à distância instantânea*. A lei (3.1) não faz referência ao estado de movimento de nenhum dos corpos envolvidos. Isto significa que, independentemente do estado de movimento do corpo 2, se em repouso, em movimento retilíneo uniforme ou acelerado, a força sobre o corpo 1 sempre apontará na direção do corpo 2. Para apontar sempre na direção do corpo 2, a força sobre o corpo 1 deverá se orientar instantaneamente, a fim de seguir o movimento do corpo 2. Apesar de ser perfeitamente adequada aos fenômenos que Newton pretendia descrever, esse caráter de ação à distância instantânea é incompatível com um dos pilares da física moderna, a teoria da relatividade de Einstein.

3.3 O universo mecânico

O poder preditivo das leis de Newton mudou definitivamente a atitude do homem diante do universo. Os movimentos de todos os corpos celestes, não importando a sua complexidade, poderiam ser explicados, em princípio, a partir das leis fundamentais da mecânica e da gravitação universal de Newton. A mecânica newtoniana foi, sem dúvida, o grande triunfo do método científico. Nunca antes a razão humana pudera compreender, de uma maneira tão íntima, uma gama tão vasta de fenômenos.

O extraordinário e inédito poder de síntese das leis de Newton as destacava de todos os outros modelos propostos anteriormente para a descrição de qualquer outro fenômeno natural. Não foi sem espanto que o homem constatou a inexplicável eficiência dessas regras matemáticas na descrição dos fenômenos naturais, como nos relata o grande matemático francês do século XX, Henri Poincaré: *"A análise matemática (...) não seria apenas um jogo da mente? Seria apenas uma linguagem conveniente ao físico? Não seria este um auxílio medíocre e, estritamente*

---

[6] Ver o Apêndice deste livro.

Figura 3.4 Pierre-Simon Laplace, Marquês de Laplace (* Beaumont-en-Auge, Normandia, França 1749, † Paris, 1827). Matemático e astrônomo francês, autor da extensa e fundamental obra *Mécanique Céleste*, compilada entre 1799 e 1825, na qual resumia criticamente a obra de todos os seus predecessores, incluindo Newton. Inaugura a chamada mecânica analítica ao traduzir os estudos geométricos de Newton numa linguagem baseada no cálculo diferencial e na geometria analítica. Na sua Mécanique Céleste, especula sobre a possibilidade de existência de corpos de massa tão grande que, de acordo com a gravitação universal (3.1), exerceriam forças gravitacionais tão intensas que nem mesmo a luz poderia escapar-lhes, adiantando em quase um século as discussões sobre os buracos negros da relatividade geral de Einstein.

falando, dispensável? E não seria de se temer que essa linguagem artificial fosse um véu interposto entre a realidade e a visão do físico? Longe disso; sem essa linguagem, a maior parte das analogias íntimas das coisas teria ficado para sempre desconhecida por nós; e teríamos ignorado eternamente a harmonia interna do mundo, que é (...) a única realidade objetiva verdadeira"[10].

Um dos grandes nomes associados à disseminação e aplicação das leis de Newton foi o do matemático e astrônomo francês Pierre-Simon Laplace. Sua obra *Mécanique Céleste*, o tratado fundamental usado por várias gerações de cientistas, moldou a concepção mecânica do universo, presente de forma marcante em nosso cotidiano até os dias de hoje. As bases matemáticas e geométricas para as análises das pequenas discrepâncias nas órbitas Keplerianas discutidas acima vieram da obra de Laplace. Sua mecânica analítica era capaz de explicar todos aqueles movimentos, periódicos ou não, dos corpos celestes que despertaram o interesse a admiração do homem desde os primórdios da civilização. A crença de Laplace no determinismo[7]

---

[7] Corrente filosófica segundo a qual todo e qualquer evento é casualmente determinado por uma cadeia de eventos anteriores.

A Mecânica de Newton e a Gravitação Universal

e sua confiança[8] nas leis de Newton levaram-no a afirmar o seguinte em seu *Essai philosophique sur les probabilités* de 1814: "*Pode-se considerar o estado presente do universo como um efeito do seu passado e uma causa do seu futuro. Uma inteligência que, num certo momento, soubesse todas as forças que atuam na natureza, a posição de tudo que a compõe, que fosse capaz de analisar todos estes dados e representar numa única fórmula o movimento de todos os corpos do universo, dos maiores aos menores; para esta inteligência, nada seria incerto e o futuro seria, como o passado, presente ante os seus olhos*".

Essa inteligência a qual se refere Laplace foi chamada, por seus sucessores, de Demônio de Laplace. Se ela existisse, nosso livre-arbítrio seria apenas uma ilusão, o que não é uma grande surpresa se o determinismo for admitido como universalmente válido. Nossas ações futuras, nossos pensamentos, tudo isso poderia ser previsto pelo Demônio de Laplace se este conhecesse as leis que regem o funcionamento de nossos cérebros, suas composições, seus estados exatos num dado instante de tempo e suas inter-relações com o universo a nossa volta. A possível existência ou não deste demônio foi assunto de vários debates durante o século XIX. Uma resposta definitiva, porém, só chegaria no início do século XX, dos estudos de Henri Poincaré.

Felizmente, as discussões filosóficas sobre a existência e as nefastas consequências do Demônio de Laplace para o empreendimento humano de buscar um entendimento autêntico e profundo da natureza não impediram o avanço nas questões da mecânica celeste. As leis de Newton, compiladas de forma magistral e inspiradora por Laplace, sugeriam que, efetivamente, todos os movimentos de todos os corpos conhecidos do sistema solar[9] poderiam ser descritos por leis relativamente simples. Cada planeta, por exemplo, teria sua órbita descrita por uma equação que poderia ser obtida da segunda lei de Newton e das forças de atração gravitacional do Sol e dos outros planetas. Teríamos, assim, uma versão restrita e muito menos pretensiosa do Demônio de Laplace. Poderíamos, em princípio, descrever o movimento futuro de todos os corpos do sistema solar se conhecêssemos seus estados de movimento num dado instante de tempo. No caso da Terra, por exemplo, o efeito da atração gravitacional dos outros planetas se manifestaria, conforme já dito, como pequenos desvios da órbita kepleriana em torno do Sol. Porém, não poderia ser possível que estes pequenos desvios se combinassem a fim de termos uma grande mudança, da mesma maneira que com pequenos impulsos a intervalos corretos uma criança pode conseguir grandes amplitudes de movimento numa balança? Esta é a questão da estabilidade do sistema solar, que, em palavras simples, consiste em perguntar se o efeito dos outros corpos, mesmo que pequenos,

---

[8] Deve-se notar a diferença entre a "crença" e "confiança" nesta afirmação. A confiança nas leis de Newton provém do seu sucesso na previsão de diversos fenômenos, em última análise, e sua *verificação* experimental em situações perfeitamente controladas. Correntes filosóficas, como o determinismo do século XIX, não são passíveis, em princípio, de verificação experimental.

[9] O Apêndice deste livro contém uma descrição dos principais corpos que compõe o sistema solar.

Figura 3.5 Jules Henri Poincaré (* Nancy, França 1854, † Paris, 1912). Matemático e físico francês, deu contribuições notáveis à física-matemática, à mecânica celeste e à matemática. Comumente descrito como o último dos matemáticos universalistas, que entendeu e deixou contribuições em quase todas as áreas da matemática.

poderia alterar qualitativamente a órbita kepleriana de um planeta. A relevância desta questão é óbvia. Pequenas alterações da órbita da Terra poderiam, por exemplo, implicar em pequenas alterações na duração do ano que, acumuladas durante um grande intervalo de tempo, poderiam acarretar grandes variações, implicando em mudanças climáticas catastróficas. Note que a escala de tempo da civilização humana (aproximadamente 10.000 anos) é muito pequena se comparada com as escalas de tempo dos fenômenos celestes. Tais pequenas variações podem estar ocorrendo, sendo imperceptíveis em escalas humanas.

Em 1887, como parte das comemorações do sexagésimo aniversário do Rei Oscar II da Suécia, foi instituído um prêmio para quem respondesse à questão da estabilidade do sistema solar. Poincaré apresentou uma monografia sobre o problema dos três corpos, uma versão mais simples do problema do sistema solar que consiste em considerar apenas três corpos que se movem sob mútua atração gravitacional. Poincaré mostrou que os corpos podem se mover de maneira caótica, o que significa que pequenas imprecisões das posições iniciais dos corpos podem acarretar evoluções temporais radicalmente diferentes. Como qualquer dado observacional contém necessariamente imprecisões associadas, seria impossível fazer previsões sobre o estado futuro de sistemas como os dos três corpos. A monografia de Poincaré inaugura o estudo das dinâmicas caóticas e praticamente elimina a possibilidade de um Demônio de Laplace. Mesmo que existisse, sua capacidade de descrever o futuro seria minada pelas características da dinâmica caótica típica dos sistemas complexos.

Somente em anos recentes foi possível abordar o problema realístico da estabilidade do sistema solar como posto pelo prêmio oferecido pelo Rei Oscar II. A conclusão é que os planetas internos (Marte, Terra, Vênus e Mercúrio) têm órbitas irregulares ou caóticas. Uma imprecisão de 15 metros na posição da Terra hoje faz com que seja impossível prever seu estado de movimento daqui a 100 milhões de anos, podendo, inclusive, ser ejetada do sistema solar.[10] Os planetas externos parecem ter órbitas regulares.

A mecânica newtoniana é um dos dois pilares da física clássica; ao outro, o eletromagnetismo de Maxwell será dedicado o próximo capítulo.

---

[10] O leitor deve notar que não há motivos para pânico. Não é claro se, dentro de 100 milhões de anos, o Sol ainda poderá nos proporcionar energia como o fez até agora...

CAPÍTULO 4

Maxwell e o Eletromagnetismo

Apesar do enorme sucesso da mecânica newtoniana, a compreensão do universo no início do século XIX não era grande. Não se sabia nada sobre a estrutura de estrelas e galáxias[1] ou sobre a estrutura da matéria. O desenvolvimento do eletromagnetismo foi essencial para estes entendimentos.

Os fenômenos elétricos e magnéticos são conhecidos pelo homem desde a pré-história. Uma revisão histórica dos desenvolvimentos anteriores ao século XVIII foge do nosso intuito aqui; por isso, faremos menção apenas aos dois grandes compiladores desse conhecimento acumulado. Como veremos, suas contribuições vão muito além das compilações que fizeram.

4.1 Faraday e o conceito de campo

Michael Faraday poderia muito bem ter sido um personagem de Charles Dickens. Nasceu em Londres, em 1791, numa família muito pobre. Não pode frequentar a escola; aprendeu a ler por conta própria. Aos quatorze anos, conseguiu trabalho como aprendiz em uma oficina de encadernação de livros. Durante sete anos leu vários dos livros que encadernara, com especial atenção aos livros de ciências naturais, aos de eletricidade e de química em particular. Aos vinte anos de idade,

---

[1] Na verdade, galáxias só se tornaram conhecidas no século passado.

Figura 4.1 Michael Faraday (* Londres, 1791, † Londres, 1867). Brilhante físico e químico inglês, considerado o maior experimentalista da história.

Faraday assistiu a algumas aulas públicas sobre eletricidade dadas pelo então presidente da *Royal Society*, Sir Humphry Davy. Faraday enviou a Davy as notas que fizera de suas aulas, despertando seu interesse naquele jovem encadernador. Faraday acabou sendo levado por Davy para a *Royal Society*, primeiro como secretário e, em seguida, como assistente de laboratório. Faraday sofria com a discriminação por sua origem e era tratado com um serviçal.

Em muito pouco tempo, Faraday provaria sua genialidade. Ainda em 1821, no seu primeiro ano na *Royal Society*, pouco tempo depois do químico dinamarquês Hans Christian Ørsted descrever algumas relações entre fenômenos elétricos e magnéticos, Davy e colaboradores tentaram, sem sucesso, construir um motor elétrico. Ørsted realizava experimentos com pilhas elétricas. Observou, intrigado, que ao fazer com que uma corrente passasse por um fio, uma bússola próxima podia ser afetada, como se a corrente elétrica produzisse um efeito magnético. Ørsted não propôs nenhuma explicação ao fenômeno. Após discussões com Davy e outros cientistas, Faraday construiu um motor primitivo, o primeiro motor elétrico. Apesar do seu talento, agora reconhecido, a origem humilde de Faraday continuou sendo um empecilho para sua total integração na *Royal Society*, e foram vários os problemas que Faraday teve com Davy e outros cientistas.

Faraday dedicou muito de sua longa carreira científica ao eletromagnetismo. Em 1831, numa série brilhante de experimentos, descobriu e descreveu o que hoje se conhece como lei de Faraday da indução eletromagnética. Ele mostrou que se um ímã atravessasse uma espira metálica, uma corrente elétrica fluiria pela espira. O mesmo ocorreria se o ímã fosse mantido em repouso, e a espira deslocada. Na descrição desse fenômeno, Faraday disseminou o conceito moderno de campo.

O conceito de campo já existia, de fato, antes de Faraday. A contribuição inspiradora de Faraday foi conferir ao campo uma realidade física. Antes de Faraday, um campo era visto apenas como o conjunto de linhas imaginárias de força de uma dada interação. Assim, por exemplo, há um campo de forças, o campo gravitacional, associado naturalmente à lei da gravitação universal de Newton (Equação 3.1). O campo devido ao corpo 1, por exemplo, será o conjunto de linhas ligando qualquer ponto do espaço ao corpo 1. O corpo 2, se posto em repouso num dado ponto do espaço, irá se deslocar sobre uma dessas linhas de campo até se chocar com o corpo 1. Na superfície da Terra, num outro exemplo, todas as linhas de força, devido a atração gravitacional, apontam para o centro da Terra. As pequenas distâncias, quando comparadas ao raio da Terra, podemos aproximar esse campo por um campo vertical e homogêneo. As interações elétricas também são inversamente proporcionais ao quadrado da distância entre os corpos carregados; a força elétrica é descrita por uma equação similar a Equação 3.1, por isso, os campos elétricos, quando produzidos por cargas fixas, são similares aos campos gravitacionais. Da mesma maneira, podem-se também associar campos magnéticos às linhas de forças magnéticas entre imãs. Com o experimento da indução magnética, Faraday demonstrou duas coisas. Primeiro, que um campo magnético variável (obtido do movimento do ímã através da espira) pode produzir um campo elétrico (responsável pela corrente na espira). Segundo, mostrou que as linhas de campos têm e podem transportar energia. A lei de Faraday da indução eletromagnética é o princípio de funcionamento do dínamo e dos geradores modernos de energia elétrica. As implicações tecnológicas dos trabalhos de Faraday foram fantásticas, mudando radicalmente o cotidiano a partir da segunda Revolução Industrial.

Após os trabalhos de Faraday, o conhecimento a respeito dos fenômenos eletromagnéticos puderam ser sintetizados em apenas quatro leis fundamentais:

1. Lei de Coulomb[2] ou de Gauss, semelhante à lei da gravitação universal, estabelece que os campos de forças elétricas de atração ou repulsão são inversamente proporcionais ao quadrado da distância entre os corpos eletricamente carregados.

2. Lei de Gauss[3] magnética, lei para os campos de forças magnéticas semelhantes à lei de Coulomb, porém com a fundamental diferença da ausência de cargas magnéticas isoladas (por impossibilidade de se separar os polos de um imã).

3. Lei de Faraday, descrevendo como um campo magnético variável dá origem a um campo elétrico.

---

[2] Em homenagem a Charles Augustin Coulomb, físico francês que estabeleceu experimentalmente, no século XVIII, a lei de atração ou repulsão entre corpos carregados eletricamente.

[3] Em homenagem a Carl Friedrich Gauss, genial matemático alemão que viveu entre os séculos XVIII e XIX, responsável por muitas das contribuições matemáticas para a formulação das leis do eletromagnetismo.

4. Lei de Ampère,[4] descrevendo como uma corrente pode gerar um campo magnético (como na experiência de Ørsted).

A obra científica de Faraday foi essencial para o avanço tecnológico do século XIX. Faraday ministrou diversas aulas públicas na *Royal Society*. As mais célebres delas tinham como título *A história química de uma vela*, e foram publicadas num livro [11] considerado, até hoje, uma das maiores obras de divulgação científica. Faraday declinou a condecoração de Cavaleiro e a Presidência da *Royal Society*, posição que pertencera a Davy. Morreu em Londres, aos 76 anos, sem deixar filhos.

4.2 As equações de Maxwell

James Clerk Maxwell foi contemporâneo de Faraday. Sua história, porém, foi muito diferente. Nasceu em 1831 em Edimburgo, Escócia, numa família de alto nível sociocultural. Teve uma formação sólida, particularmente em matemática. Formou-se inicialmente em Edimburgo e, depois, em Cambridge, onde desenvolveu toda sua carreira científica. Suas principais contribuições foram no eletromagnetismo, na ótica, na teoria cinética dos gases e na termodinâmica. Aqui, no entanto, nosso interesse está restrito às suas contribuições ao eletromagnetismo.

Faraday já havia estudado as leis da indução eletromagnética que descreviam como um campo magnético variável podia induzir um campo elétrico e, consequentemente, uma corrente elétrica em um circuito próximo. Faraday já havia também introduzido o fundamental conceito de campo: o conjunto das hipotéticas linhas de força que preenchem o espaço e seriam responsáveis pelos fenômenos elétricos e magnéticos. Porém, foi somente com a teoria eletromagnética de Maxwell que os campos responsáveis pelos fenômenos elétricos e magnéticos foram efetivamente unificados. Pragmaticamente, isto significa que os campos elétrico e magnético passaram a ser descritos numa mesma estrutura formal, isto é, passaram a ser descritos por um mesmo conjunto de quantidades, o campo eletromagnético, que satisfaz um certo conjunto de equações matemáticas. Esse é o exemplo, por excelência, de uma unificação de teorias físicas. Várias são as vantagens da teoria unificada sobre as anteriores. Pode-se afirmar que a unificação de teorias seria uma tendência natural na Ciência, compatível com o princípio da navalha de Occam, argumento heurístico segundo o qual, conforme já vimos, dentre várias possíveis descrições de um fenômeno, deve-se preferir a que envolve o menor número de hipóteses.

---

[4] Devido a André-Marie Ampère, físico francês responsável por diversas descobertas sobre eletromagnetismo entre os séculos XVIII e XIX.

Figura 4.2 James Clerk Maxwell nasceu em Edimburgo, Escócia, em 1831 e morreu em Cambridge, Inglaterra, em 1879. Formou-se inicialmente em Edimburgo e, depois, em Cambridge, onde desenvolveu toda sua carreira científica. Suas principais contribuições foram no eletromagnetismo, na ótica e na teoria cinética dos gases e termodinâmica. Maxwell foi o pioneiro em sugerir o caráter eletromagnético da luz. Com as medições precisas da velocidade da luz feitas logo a seguir, suas previsões foram verificadas e são consideradas como um dos grandes triunfos da física do século XIX. Em 1931, no centenário de seu nascimento, Einstein afirmou a respeito de sua obra: *"a mais profunda e frutífera que a física vivenciou desde os tempos de Newton"*.

Os trabalhos de Maxwell não se resumiram à compilação dos resultados de seus antecessores. De fato, Maxwell corrigiu a lei de Ampère a partir de argumentos basicamente teóricos, mas que foram imediatamente comprovados experimentalmente. Foi em 1864 que Maxwell identificou as chamadas correntes de deslocamento, que implicavam que um campo elétrico variável poderia também gerar um campo magnético, de uma maneira análoga à que um campo magnético variável dá origem a um campo elétrico, conforme a lei de Faraday. Essa modificação da lei de Ampère é fundamental para a previsão da existência de ondas eletromagnéticas.

Porém, sendo a física uma ciência experimental, a verdadeira vantagem de uma teoria unificada deriva de sua capacidade de fazer novas previsões testáveis. E foi por isso, e não por argumentos estéticos nem reducionistas, que a teoria eletromagnética de Maxwell foi aceita e se transformou num dos pilares fundamentais da física. A descrição de Maxwell previa novas formas de interação entre os campos elétrico e magnético. Por exemplo, sob determinadas situações, ondas eletromagnéticas, isto é, campos elétrico e magnético intimamente relacionados que se propagam no espaço, podiam ser geradas e irradiadas. A teoria de Maxwell fazia previsões precisas a respeito dessas ondas como, por exemplo, sua velocidade de propagação. Essas ondas de rádio, isto é, ondas que podem ser irradiadas, foram produzidas e detectadas logo a seguir pelo físico alemão Heinrich Hertz. Todas as previsões de Maxwell foram verificadas. Em particular, a velocidade de propagação das ondas de rádio prevista por Maxwell foi verificada experimentalmente. Para grande surpresa na época, era muito próxima da velocidade da luz, então já conhecida com razoável precisão, possibilitando algumas especulações, que só se verificariam completamente no século XX, sobre o caráter eletromagnético da luz.

O sucesso da teoria eletromagnética de Maxwell demonstra que a busca de teorias unificadas está longe de ser um empreendimento fútil. A unificação de duas teorias plenamente satisfatórias em sua época (a teoria dos fenômenos elétricos e a dos fenômenos magnéticos) deu origem a uma outra teoria, com previsões novas e inesperadas, que puderam ser testadas e comprovadas. Além disso, possibilitou especulações teóricas (natureza eletromagnética da luz) que motivaram uma série de outros estudos que culminaram, no século XX, no conceito do fóton e de uma nova teoria sobre a natureza da luz. Se não fosse pelo trabalho eminentemente teórico de Maxwell, todos esses desenvolvimentos, indubitavelmente, sofreriam um atraso considerável. Retornaremos, no Capítulo 6, à questão da busca por teorias de unificação na física.

Vários trabalhos de Maxwell tiveram implicações tecnológicas notáveis. Seus trabalhos sobre ótica, por exemplo, foram fundamentais para o entendimento da visão e da fotografia em cores. Maxwell foi o primeiro a fazer fotografias em cores a partir de filtros verde, vermelho e azul. Maxwell faleceu antes de completar 48 anos, de câncer.

4.2.1 A luz como um fenômeno eletromagnético

A primeira sugestão de que a luz poderia estar relacionada com o eletromagnetismo veio dos trabalhos de Faraday sobre polarização. Faraday descobriu que o ângulo de polarização da luz, ao passar por uma material polarizador, poderia ser alterado por campos magnéticos. Esse é o fenômeno da rotação de Faraday. Além disso, como já vimos, logo após a previsão de Maxwell da existência de ondas eletromagnéticas, o físico alemão Heinrich Hertz construiu um equipamento capaz de emitir e detectar essas ondas. Seu trabalho, além de demonstrar experimentalmente a existência das ondas propostas por Maxwell, possibilitou o desenvolvimento de toda a tecnologia que permitiu a construção do rádio, que viria a revolucionar as comunicações ainda no início do século XX.

Hertz pode testar várias propriedades das ondas eletromagnéticas e, em particular, sua velocidade de propagação, que sabemos ser de aproximadamente 300.000 km/s, valor também previsto por Maxwell. Como já dissemos, essa velocidade é semelhante à velocidade de propagação da luz.

A velocidade de propagação da luz já havia sido medida antes do século XIX, por vários físicos. Uma das medições precisas mais antigas foi feita pelo astrônomo e físico dinamarquês Ole Rømer, a partir de observações das luas de Júpiter:

Figura 4.3 Heinrich Rudolf Hertz (* Hamburgo, Alemanha, 1857; † Bonn, Alemanha, 1894). Físico alemão, foi o primeiro a verificar experimentalmente a existência de ondas eletromagnéticas e a criar um aparelho capaz de emiti-las e detectá-las.

estimou a velocidade da luz com uma precisão de 30%. A primeira medida precisa foi feita em 1849, pelo físico francês Hippolyte Fizeau. Seu experimento consistia num feixe de luz que incidia num espelho distante, retornando pelo mesmo caminho. No meio desse caminho, uma roda dentada foi posicionada, conforme a Figura 4.4. A roda é posta a girar. A uma determinada velocidade, a luz vai em direção ao espelho, passando por um rebaixo, e retorna, passando pelo rebaixo seguinte. Conhecendo-se a distância entre a roda e o espelho e a velocidade de rotação da roda, pode-se estimar a velocidade da luz. Com este experimento, Fizeau pôde medir a velocidade da luz com um erro inferior a 10%. O experimento foi aprimorado por Léon Foucault, o mesmo do pêndulo, quem, em 1862, mediu a velocidade da luz com erro menor do que 2%.

Diversos experimentos, principalmente os de interferência, já haviam estabelecido solidamente o caráter ondulatório da luz. O fenômeno da rotação de Faraday e as medições da velocidade de propagação da luz e das ondas eletromagnéticas sugeriam fortemente que a luz, intrinsecamente, tinha natureza eletromagnética. Todas essas evidências foram, pouco a pouco, reforçando a interpretação da luz como onda eletromagnética. A antiga descrição corpuscular de Newton foi sendo, então, gradativamente abandonada. Porém, um entendimento mais profundo sobre a natureza da luz, incluindo sua dualidade onda/partícula, só viria no século seguinte, com os trabalhos de Planck e Einstein.

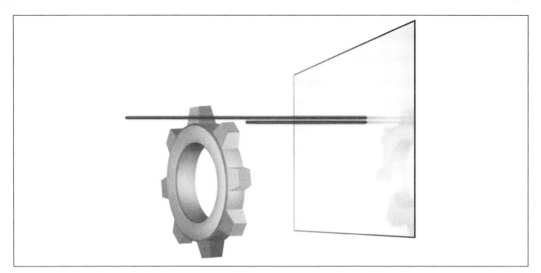

Figura 4.4 Experimento de Fizeau.

4.3 O eletromagnetismo e a segunda Revolução Industrial

As regiões protagonistas das revoluções industriais foram as mesmas em que a ciência floresceu após o século XVIII. Há, obviamente, uma relação de causa e efeito nestes fatos. Com uma compreensão mais profunda dos fenômenos físicos, essas sociedades puderam projetar máquinas e equipamentos que propiciaram um aumento inédito em suas produções, criando a noção moderna de mercado, com todos os seus aspectos positivos e negativos. O impacto na sociedade foi enorme, talvez somente comparável ao impacto do desenvolvimento da agricultura no neolítico, cerca de 8000 a.C., que permitiu ao homem sua sedentarização.

Comumente se admite que a Revolução Industrial teve origem na Inglaterra de Newton, na segunda metade de século XVIII. O motor a vapor, equipado com o controlador de Watt, é o símbolo máximo da tecnologia dessa época. A metalurgia, a indústria têxtil e os transportes foram as atividades que sofreram maior impacto, com um enorme aumento de produtividade devido às novas técnicas e aos novos equipamentos.

Identifica-se claramente uma segunda fase da Revolução Industrial, em meados do século XIX. Técnicas ainda mais avançadas propiciaram ganhos ainda maiores de produtividade, implicando em modificações mais profundas em toda a sociedade. Duas características, de fato relacionadas, destacam essa segunda Revolução Industrial: o uso generalizado da eletricidade e a supremacia industrial alemã. Há um consenso sobre a rápida conversão da Alemanha, que se unificara e iniciara sua industrialização algumas décadas antes, muito depois da Inglaterra, a maior potência industrial da época. A sociedade alemã foi a que mais investiu em ciência básica no período, e o conhecimento foi o principal subsídio da segunda Revolução Industrial. As universidades alemãs do final do século XIX eram, de longe, as mais avançadas cientificamente, contribuindo às mais diversas áreas do conhecimento. Foi um dos mais notáveis avanços de uma sociedade da história. Muitas dessas universidades, décadas antes, eram apenas escolas teológicas. O modelo universitário alemão, com forte ênfase na ciência básica, em contraposição às tradicionais escolas profissionais, foi implementado com sucesso em vários outros países, em especial destaque, nos Estados Unidos. A Universidade Humboldt de Berlim é, talvez, o mais notável dos exemplos do modelo universitário alemão responsável pelos desenvolvimentos do século XIX. Fundada no início do século XIX (muito nova, portanto, para padrões europeus, porém, a mais antiga de Berlim) pelo político liberal e linguista prussiano Wilhelm von Humboldt, irmão do famoso naturalista Alexander von Humboldt, com o nome de Universidade de Berlim, teve, desde o seu início, um caráter laico e de promoção das ciências básicas. Seu sucesso pode ser avaliado pelos 29 prêmios Nobel recebidos por seus professores e pesquisadores, quase todos no primeiro terço do século XX,[5] já que a interferência das políticas nazistas, a partir do início dos anos 1930, arruinaram o seu ambiente acadêmico. Em 1933, a Universidade Humboldt de Berlim perdeu Albert Einstein, que se mudou para Princeton, nos Estados Unidos, uma situação emblemática da perda da supremacia científica da Alemanha para os Estados Unidos.

O eletromagnetismo foi fundamental para a segunda Revolução Industrial. As máquinas elétricas e as de combustão interna foram os símbolos tecnológicos do período. As cidades foram rapidamente eletrificadas, a luz elétrica se espalhou. Novos e inesperados negócios surgiram, como a indústria da comunicação e do entretenimento, a partir do rádio, do fonógrafo e do cinema. Nomes como Marconi, Edison e irmãos Lumière estão relacionados com o eletromagnetismo e, ao mesmo tempo, com a indústria do entretenimento. A eletricidade foi fundamental no aprimoramento da indústria química e petroquímica, novos materiais e substâncias foram desenvolvidos e sintetizados pela primeira vez na história humana.

A grande revolução científica do início do século XX e todas suas implicações que moldam o nosso dia a dia foram uma outra consequência dos avanços advindos da segunda Revolução Industrial. Todos os avanços do século XX, que propiciaram um nível de vida aos países industrializados nem sequer imaginado duzentos anos atrás, foram consequências da segunda Revolução Industrial. Infelizmente, não foram as únicas. É um consenso também que a segunda Revolução Industrial acelerou o processo do neocolonialismo que culminou nas grandes guerras mundiais do século XX e carnificinas sem pares na história da humanidade, em que o poder de destruição foi enormemente amplificado pelos mesmos avanços decorrentes da segunda Revolução Industrial.

---

[5] Os prêmios Nobel foram instituídos em 1901!

CAPÍTULO 5

As Grandes Revoluções Científicas do Século XX

A compreensão do Universo no século XIX não era grande. Nada se sabia sobre a existência de galáxias. O eletromagnetismo engatinhava, e a física se baseava, em seu aspecto teórico, apenas na física newtoniana. Era de se prever que a física newtoniana não fosse suficiente para a explicação do universo, mas, como o determinismo e o cientificismo eram ideias dominantes, não havia nem alternativa viável na época, nem procura por tal alternativa.

Grandes revoluções científicas ocorreram na virada do século XIX para o século XX. Em primeiro lugar, a crise gerada pela dificuldade em se interpretar as transformações de simetria da eletrodinâmica levou à teoria da relatividade especial. Esta, após alguns anos, tendo-se amalgamado com a teoria da gravitação, culminou na relatividade geral, expressão de uma das forças fundamentais da natureza.

Por outro lado, a obtenção da expressão da radiação do corpo negro[1] por Planck, através do processo de quantização, e a posterior aplicação deste processo com sucesso em outros problemas da física na época levou-nos à mecânica quântica.

---

[1] O corpo negro é um forno que emite radiação térmica. A mecânica estatística clássica, baseada na mecânica de Newton e em cálculos estatísticos, não conseguia, ao final do século XIX, explicar a quantidade de radiação emitida por faixa de frequência. Os físicos pensavam, na época, ser este um dos últimos problemas não resolvidos da física que seria, então, capaz de resolver qualquer problema que lhe fosse posto. O que ocorreu é que o problema da radiação do corpo negro se tornou a pedra angular dos problemas da época, sinalizando o início de uma nova era na ciência.

Essas duas teorias, a relatividade geral e a mecânica quântica, foram pilares fundamentais da física teórica. Não obstante, sempre foi difícil a relação entre ambas. Durante quase meio século, eram tão imiscíveis como água e óleo. Se por um lado a quantização da gravitação dava sinais de impossibilidade, por outro, não havia uma real necessidade experimental ou observacional de sua quantização.

5.1 A física clássica

5.1.1 Limites da física clássica

A física clássica começou a se impor com Galileo e Newton, que usaram o método científico observacional, despindo os processos fundamentais de quaisquer complicações e vestindo tais processos com modelos matemáticos. Dessa maneira, o método científico não só foi aplicado em sua conceituação de se prever e posteriormente verificar-se (ou não) uma hipótese de trabalho, mas também se tornou eficiente: procura-se isolar um único fenômeno que possa ser estudado por si, sem a relação com outros fenômenos que possam interferir no resultado. Tal conceituação, que propõe a independência entre os vários processos físicos intervenientes, é absolutamente crucial para o sucesso das leis da física e de suas aplicações. Esta é a hipótese reducionista, que tenta explicar todo fenômeno através de sua redução a componentes mais simples. Tal suposição permeia todo desenvolvimento da física.

Galileo formulou a lei da inércia e o princípio que jaz sob o problema da queda dos corpos dentro dos preceitos reducionistas acima mencionados. Posteriormente, Newton deu forma matemática às leis de movimento através dos conceitos de força e de tempo absoluto. O tempo absoluto, o conceito de inércia e o fato de as leis da física terem sempre a mesma forma, em relação aos diferentes observadores que se movem com velocidade constante uns em relação aos outros, levaram às simetrias sob transformações de Galileo, que permeiam a física clássica e que descrevem a simetria das equações dinâmicas em relação ao espaço e ao tempo. As simetrias são importantes caracterizações de uma teoria física, pois permitem grandes simplificações na solução de problemas.

As leis clássicas da física tomam posteriormente uma forma matemática extremamente simples e elegante através de Leonhard Euler e Joseph Louis Lagrange. A formulação de qualquer problema recai sobre a solução de equações que derivam de um princípio geral de minimalidade. Embora a solução real das equações possa se colocar como um entrave para o conhecimento analítico e completo do problema, não há dúvidas quanto à simplicidade dos princípios e, em especial, quanto à garantia de solução, ainda que aproximada. Isto é, em princípio, possível, pois a solução pode ser obtida por métodos de aproximação sucessiva, de modo simples, e, certamente, por meio de métodos numéricos, com

Figura 5.1 Max Karl Ernst Ludwig Planck (* Kiel, Alemanha, 1858; † Göttingen, Alemanha, 1947). Físico alemão, considerado o pai da física quântica.

auxílio, hoje, de computadores. Assim, de maneira geral, a solução pode ser obtida a qualquer precisão que se queira.[2]

Com o conhecimento das leis do eletromagnetismo, vieram os primeiros abalos da física clássica: o eletromagnetismo parecia incompatível com o conceito de tempo absoluto, especialmente com as conclusões tiradas da experiência de Michelson e Morley, e com a confirmação das equações de Maxwell através das ondas Hertzianas (as ondas eletromagnéticas). De fato, concluiu-se então que as verdadeiras leis de transformação são as de Lorentz, cujo conjunto se tornou uma das pedras angulares da nova física por se iniciar. A mudança de significado físico era enorme. O tempo já não era absoluto, e observadores em movimento tinham escalas de tempo diferentes, uns com respeito aos outros. Objetos físicos também se comportavam de modo estranho, passando a se comprimir ao se moverem com velocidades muito grandes. Esta é a nova física da teoria da relatividade e, de um modo muito simples, uma das mais conhecidas novidades é que o tempo não se move da mesma maneira para os vários observadores.[3]

De modo concomitante, outros problemas, ainda tidos como pequenos, ainda escapavam a uma solução. O que não se sabia é que, no final do século XIX,

---

[2] Isto é verdade desde que processos ditos caóticos não interfiram. No momento não nos importa este fato.

[3] Não é verdade, no entanto, que a física não seja a mesma, as aparências são outras. Temos agora uma linguagem espaço-temporal diferente para cada observador, sendo necessário um dicionário.

começava-se a avistar a pequena ponta de um enorme *iceberg* em rota de colisão com a titânica física clássica. Se nos for permitido um desvio de assunto, podemos dizer que se via uma falsa calma da passagem do século, calmaria esta representada pela era Vitoriana, mas que continha uma monumental tempestade que varreria toda a face da terra, mudando de modo completo e irreversível os contornos planetários, com uma mudança fundamental na visão de mundo e em sua interpretação filosófica.

O problema da radiação do corpo negro era o primeiro indício, no que tange à física.[4] As previsões clássicas fugiam dos resultados observacionais de maneira embaraçosa e patente. Todavia, a questão era colocada como um simples entrave técnico a ser resolvido oportunamente. Pensava-se na física como ciência terminada. Planck deu o primeiro golpe fatal na física clássica, postulando a chamada quantização da energia do corpo negro, ou seja, supondo que a energia apenas pudesse transparecer em blocos mínimos. Sua solução, que deveria ser simples modelo fenomenológico sem grandes consequências, acabou por representar uma fenda profunda no navio clássico que começa a afundar de modo inexorável.

Experiências subsequentes só fizeram confirmar o misterioso processo de *quantização*: o átomo de Rutherford, o efeito fotoelétrico, o espalhamento de luz por elétrons, a difração de elétrons e o átomo de Bohr formaram o aríete que abalaria de modo definitivo a física clássica.[5]

5.1.2 Energia, tempo e leis de conservação

O conceito de força como ação dinâmica é muito antigo. Todavia, os filósofos jamais conseguiram fazer deste um conceito útil, pois na física é fundamental que se isole um processo elementar para sua compreensão. Em particular, a conceituação aristotélica do movimento impedia uma compreensão mais adequada, já que, segundo seu pensamento, os corpos tendem a permanecer parados – uma ideia que deriva do tratamento do problema sem se levar em conta a devida simplificação relacionada ao necessário isolamento do fenômeno. Nesse caso, o problema é a observação de corpos rígidos parados, submetidos a uma força de atrito muito grande que os impede de se moverem. Ademais, não havia uma preocupação em se formular o problema de modo matemático e analítico, sendo, portanto, impossível o avanço.

---

[4] Como vimos, o corpo negro é uma espécie de forno de micro-ondas primitivo, onde se observam as várias frequências das ondas saídas daquele forno.

[5] Todos estes fenômenos e objetos colocavam-se como um mistério para a física clássica, que não os conseguia explicar. Em especial, o átomo de Rutherford, cujo modelo era análogo àquele do movimento planetário, é incompatível com as leis da física clássica que predizem sua implosão em uma pequeníssima fração de segundo. Desse modo, a própria existência da matéria, como a conhecemos, não é possível na física clássica.

As Grandes Revoluções Científicas do Século XX

O uso pobre da matemática tampouco permitiu aos filósofos um pleno desenvolvimento conceitual. Com a lei de inércia de Galileu, a mudança de movimento de um corpo necessita de uma causa, de modo que sua cinemática mude. Assim, o conceito de força passa a ser natural. Newton, usando o método cartesiano tal como aplicado à física por Galileo, formulou as leis do movimento, estabelecendo que a força fosse a responsável única pela aceleração dos corpos, sendo tão mais eficiente quanto menor a massa (inércia) dos mesmos. Esta conceituação difere em muito da versão aristotélica. Agora a força age na medida em que acelera o corpo mudando sua velocidade. A velocidade, sendo diferente de zero, continuará com o mesmo valor na ausência de forças, como astros em movimento. É claro que tal lei, expressa de forma matemática como o fato de a força ser proporcional à aceleração do corpo que é submetido a ela, depende de conceitos que naquele momento ainda não estavam definidos. De fato, a equação proposta passa a ter validade física tão logo digamos como se processa a ação da própria força, assim como devemos definir a resistência ao movimento, a chamada *massa inercial*. Desse modo, o conceito de massa passa a ter status de hipótese útil, enquanto o conceito de força deve ser apropriadamente colocado em termos dos fenômenos naturais, aquilo que os físicos denominam fenomenologia. Temos, então, a classe de problemas ligados à associação entre os conceitos teóricos e a *fenomenologia*. Os conceitos teóricos são hipóteses e são regidos por leis matemáticas bem definidas. Devemos associá-los a fenômenos físicos, verificando a validade da associação por meio de experimentos, de modo que a associação tome caráter de verdade, e não de matemática estéril, sem relação com os fatos.

Com a equação de Newton, que expressa a força como sendo igual à massa do corpo multiplicada pela sua aceleração, é possível, através de métodos matemáticos bem definidos, obter o desenvolvimento futuro de um corpo, a partir do conhecimento da posição e velocidade atuais do mesmo. Isso leva ao conceito de absoluta previsibilidade, inerente à mecânica clássica, ou seja, ao determinismo clássico.

Em física clássica, o conceito de energia pode ser visto como uma simples consequência das equações clássicas de movimento. Se a força for uma entidade apenas dependente da posição do corpo submetido àquela, ela será proveniente de um *potencial* que dá origem a uma forma de energia, a *energia potencial*,[6] enquanto a força como ação cinética será responsável por uma mudança na *energia cinética* do corpo, ou seja, a energia de movimento.

Em termos mais simples e físicos, encontramos uma quantidade que se conserva. Mais especificamente, temos inicialmente uma grandeza que parece ter sempre o mesmo valor numérico. Depois de certos experimentos verifica-se que tal grandeza variou. Todavia, descobre-se subsequentemente que tal variação pode ser

---

[6] Conforme o nome, há uma *potencialidade* dessa energia se converter em uma outra forma de energia, por exemplo, energia de movimento.

Figura 5.2 Ludwig Edward Boltzmann (* Viena, Áustria, 1844; † Duino/Trieste, Itália, 1906). Físico austríaco, seus trabalhos foram fundamentais no desenvolvimento da mecânica estatística.

reencontrada sob outra forma. Nesse caso, esta grandeza será a *energia* do sistema. Essa é a expressão experimental da lei de conservação da energia.

Quantidades conservadas são elementos de extrema importância em uma teoria física. É possível fixar a ignorância que temos a respeito de um movimento qualquer ou de uma experiência física em termos de quantidades conservadas. No contexto das leis de Newton, a conservação de energia está ligada à forma da equação de força, e denota uma simetria no tempo. Em uma descrição mais formal da mecânica clássica, a energia *gera* transformações no tempo. Isso significa que energia e tempo estão intimamente relacionados.

Do ponto de vista observacional, a existência de uma quantidade conservada é um grande achado: conforme vimos acima, constata-se que uma determinada classe de objetos não se cria nem se perde. Observada alguma exceção a esta aparente lei, vê-se que a regra volta a vigorar por meio da explicação de uma transmutação de elementos dessa classe de objetos em elementos que aparentam ser de outro tipo, mas que de fato são equivalentes ao tipo anterior. Por um processo de indução chega-se a uma lei de conservação.

Uma quantidade conservada configura uma indicação sobre os possíveis cenários de futuro a partir de uma condição conhecida; por exemplo, a energia se conserva. Se verificamos que a energia de um corpo é pequena em relação àquela necessária para levá-lo a um outro ponto do espaço (como, por exemplo, para tirar esse corpo para fora da Terra no caso de ser um satélite) então, se não fornecermos a energia que falta, podemos antever que esse corpo não chegará a seu destino.

Do ponto de vista de fundamentos, a questão é mais ampla. Uma lei de conservação está sempre ligada a uma determinada simetria da respectiva lei da natureza. Há uma classe grande de teorias físicas, ditas Lagrangianas, baseadas em princípios de minimalidade que reproduzem as leis de Newton. No âmbito de tais teorias físicas, pode-se demonstrar a equivalência entre a constatação de uma simetria e a existência de uma quantidade conservada, através de uma lei matemática, um teorema.[7] Em particular, a conservação de energia está associada à simetria de translação no tempo, ou em linguagem mais simples, *à espera no tempo*. Isto quer dizer que o fluir do tempo não influi na energia total.

Essa é apenas uma das simetrias que caracterizam nosso *espaço-tempo*, cujo fundamento coloca-nos frente a profundo mistério: a própria composição e caracterização do espaço-tempo onde habitamos, que será objeto de estudos da teoria da gravitação. Compreenda-se que as simetrias não são jamais deduzidas, mas sim implementadas, e o acerto do procedimento será verificado a *posteriori* por meio da experiência.

O problema da conservação da energia está, portanto, em conjunção com a questão do tempo, relacionada a um grande mistério das teorias físicas e que jaz na interface com a metafísica. Tal conceito é primordial para a própria descrição dos fenômenos físicos. O espaço-tempo tem importância fundamental, conforme veremos mais adiante, pois, dependendo do tipo de espaço-tempo, teremos diferentes conceitos físicos. Portanto, há uma questão cíclica: é necessário compreender o espaço-tempo e sua geometria para se estudar a física, mas é a física que nos dá a interpretação de espaço e de tempo!

A metafísica do tempo já foi estudada em profundidade por grandes mentes. Entre os Pitagóricos, e para Platão, há uma imagem divina para a origem do tempo. Nessa medida, teria havido a criação do tempo em moldes parecidos com a ideia bíblica. Conforme o dito pitagórico, [1] ... *Ele resolveu ter uma imagem móvel da realidade, e quando colocou ordem nos céus, fez desta uma imagem eterna mas não móvel, de acordo com os números, enquanto a eternidade restava em sua unidade; é a esta imagem que damos o nome de tempo*.[8] Para Aristóteles, tempo é movimento que admite enumeração.

Na conceituação newtoniana clássica, o tempo é infinito nos dois sentidos, isto é, sempre existiu e jamais parará, tendo existência própria, independente de qualquer outra questão física. Este é um fato que se contrapõe à imagem mítico-religiosa, na qual um início parece ser questão fundamental.

---

[7] Este é o teorema de Noether, provado pela matemática alemã Emy Noether no início do século XX.

[8] "...He resolved to have a moving image of eternity, and when He set in order the heaven, He made this image eternal but not moving, according to number, while eternity itself rests in unity; and this image we call Time." [1]

É interessante a argumentação de Santo Agostinho. Argumentava-se, na época, que, sendo a criação perfeita, o que teria feito Deus antes de realizá-la? A resposta do santo é que o tempo não existia antes da criação. Sendo eterna, a divindade transcende o próprio tempo, e para Ele tudo é presente, não existindo ordem temporal. Assim, no século IV, Agostinho usou conceitos que amadureceram apenas com o advento da teoria da relatividade no século XX.

Desse modo, concluímos que, na física clássica, tempo e energia são quantidades que poderíamos chamar aqui de complementares, na medida em que uma e outra estão associadas da maneira descrita acima; espaço e movimento também estão associados um ao outro, assim como a rotação estará associada a outra grandeza física, o momento angular. Essas descrições nos levam a uma visão de mundo, determinista, imperturbavelmente certa de suas previsões, mas tão certeira que nos pode perturbar, tal a precisão de seu determinismo. Veremos mais adiante como esta visão de mundo haverá de se modificar.

Outra quantidade conservada de extrema importância é aquela que se refere à chamada conservação da *Quantidade de Movimento*, ou *Momento Linear*, relacionada com a simetria de translação no espaço. É uma simetria igualmente importante e está relacionada com o princípio de inércia, já que este princípio também nos diz que se um conjunto de objetos interagentes está livre de forças externas, então seu momento linear total se conserva. Ademais, há um ponto, o *Centro de Massa do sistema*, que se move com velocidade constante. A ausência de forças externas nos diz que o espaço é uniforme, havendo uma simetria conforme andamos em uma determinada direção. Para a teoria da relatividade será importante notarmos que o quarteto tempo-espaço está relacionado com o quarteto energia-momento.[9]

5.2 Espaço, tempo, matéria: a teoria da relatividade especial

A teoria eletromagnética trouxe-nos a grande revolução de ideias no final do século XIX. Conhecimentos de eletricidade e de magnetismo remontam a vários séculos. Já os antigos conheciam as *pedras magnéticas* e sua ação sobre o ferro. Pierre de Maricourt experimentou sobre agulhas e polos por volta de 1269. Gilbert, por volta de 1600, conhecia rudimentos de eletricidade. No entanto, foi com a conceituação de campos, no século XIX, que houve uma grande revolução em direção ao que não era visto mas existia. Campos existem e agem sem que pareçam ter realidade objetiva no sentido humano. Têm, na verdade, realidade objetiva dentro da ciência. É o início da ciência do invisível, do microscópico ou do que na época parecia irreal, mágico. Os campos serão agentes que levam a ação das fontes a grandes distâncias.

---

[9] Dizemos quarteto, pois em nosso mundo há três direções de espaço. Analogamente, há três direções para o momento.

As Grandes Revoluções Científicas do Século XX

O movimento unificador da física foi ganhando força, e o eletromagnetismo viria a ter um papel fundamental dentro da fundamentação dos conceitos. Foi uma época da maior importância histórica, concomitante a Napoleão, ao Congresso de Viena, às revoluções de 1830 e 1848 e às unificações da Alemanha e da Itália. O eletromagnetismo mudaria o conhecimento técnico do ser humano a pontos jamais igualados até aquele momento. Foram inventados os motores que trabalham para o homem, o telégrafo, precursor do telefone, e a lâmpada. Bem posteriormente, veríamos desenvolvimentos tais como aqueles utilizados nos meios de comunicação, a internet e a teia universal, a conhecida *world wide web*, sempre como consequência da teoria eletromagnética.

No início, havia a eletricidade e o magnetismo como fenômenos separados. A descoberta da lei de indução de Faraday, segundo a qual um campo magnético variável induz um fenômeno elétrico, juntou os dois fenômenos em uma estrutura comum. No final do século XIX, Maxwell propôs um novo termo na quarta e última das equações que levam seu nome. Tal proposta foi um salto puramente teórico, baseada em argumentos de simetria e consistência, com a hipótese de conservação da carga elétrica. O conjunto das quatro equações de Maxwell levou a uma total reinterpretação do mundo, por conta de uma aparentemente pequena, mas na realidade profunda, diferença em relação à teoria de Galileo-Newton. A ciência de Galileo-Newton era mecânica, direta, diríamos exageradamente real. Longe de ser uma crítica, esta é uma situação real de evolução de conceitos. O primeiro conhecimento é próximo, empírico. Os conceitos são caracterizados de modo diferente dos conceitos obtidos na filosofia grega. Naquele caso, os conhecimentos eram fundamentalmente teóricos, místicos, provenientes apenas do pensamento, do eu. Dentro da ciência moderna os conceitos são baseados em fatos empíricos e associados a uma estrutura matemática poderosa.

Foi, portanto, no século XIX que os experimentos mostraram uma teoria eletromagnética extremamente sofisticada que terminou por unificar os conceitos de eletricidade e magnetismo, mostrando que a física clássica de Galileo e Newton chegava a seus limites. De fato, no contexto do eletromagnetismo, como consequência das equações de Maxwell, não se pode ter uma geometria euclidiana e um tempo absoluto, tal como preconizado pela física clássica. A luz tinha a mesma velocidade, tal como vista por observadores parados ou em movimento. Isto é uma grande mudança de conceitos. Se corrermos atrás de um carro em movimento, podemos alcançá-lo. Se andarmos em direção a alguém vindo em nossa direção, nós nos encontraremos mais rápido. No entanto, se corrermos atrás da luz, jamais a alcançaremos, e se formos ao seu encontro, ela não chegará mais rápido. Portanto, as regras usuais da geometria, tais como formuladas por Euclides, não se aplicam à física, e outra geometria teve de ser encontrada. Em palavras mais simples, por mais que nos esforcemos em correr atrás de um feixe luminoso, ele sempre se distanciará de nós com a mesma e universal velocidade, *a velocidade da luz*, equivalente a cerca de 300.000 km/s.

A consequência desse novo tipo de conceituação foi o advento da teoria da relatividade, que preconiza um contínuo quadridimensional espaço-tempo, ou seja,

Figura 5.3 Albert Einstein (* Ulm, Alemanha, 1879; † Princeton, EUA, 1955). Físico alemão, um dos cientistas mais importantes da história, foi pioneiro em todos os novos campos da física do início do século XX.

tempo e espaço passam a ser facetas diferentes de uma mesma descrição do mundo. Renova-se a posição do observador, cuja importância fica cada vez maior, para que se faça a descrição do mundo exterior: toda a base da teoria da relatividade é gerada argumentando-se com a equivalência de diferentes sistemas de observação.

A mecânica clássica de Galileo-Newton tem uma série de pressupostos, tácitos para os menos avisados. Há uma escala de tempo universal. A descrição do tempo é uma das tarefas mais difíceis da física. Uma descrição cosmológica na época de Galileo não só teria sido impossível em termos práticos, como também levaria a conclusões incompatíveis com o conhecimento da época. Em termos filosóficos, Santo Agostinho compreendeu que o tempo poderia ter um início, antes do qual o próprio tempo não teria existido. Tal colocação é semelhante à proposta mitológica grega, na qual Cronos (Tempo) teria trazido o mundo à sua existência.

Como aplicação do método científico de análise dos fatos, é perfeita a colocação de Galileo-Newton de um tempo absoluto, sem início ou fim, descrito através de qualquer mecanismo repetitivo. A descrição do espaço é análoga. Sua característica é aquela da geometria de Euclides. Tais descrições envolvem várias simplificações. Há uma simetria ligada ao correr do tempo. Se este não tem início ou fim, há alguma entidade que se conserva com o seu decorrer, descrevendo a infinitude da espera. Esse fato é conteúdo de um teorema matemático no âmbito da mecânica. A quantidade conservada associada ao passar do tempo é a energia, a pedra dourada da física. De forma análoga, a infinitude do espaço e o fato de qualquer ponto do espaço ser semelhante a um outro ponto aleatório estão associados à conservação da quantidade de movimento.[10]

---

[10] Numericamente, igual à massa vezes a velocidade, na mecânica clássica.

As Grandes Revoluções Científicas do Século XX

O caráter universal do tempo juntamente com a descrição euclidiana do espaço levam a regras de cálculo de velocidade para diferentes observadores na mecânica clássica. Não importa de onde observamos um fato, se estivermos parados, correndo, num trem, avião ou navio, há regras específicas que traduzem as leis de movimento de um observador a outro: basta que das velocidades dos corpos subtraiamos nossa própria velocidade! Desse modo algebricamente simples chegamos a um dicionário que traduz um fato visto por um observador parado, em outro visto por um observador em movimento.[11] Em resumo, em um trem com certa velocidade, onde há uma bola em movimento, um observador da plataforma verá a bola mover-se com uma velocidade que é a soma das velocidades do trem em relação à plataforma e da bola em relação ao trem, um resultado intuitivo.

O que acontece no eletromagnetismo? As equações de Maxwell, integrando a eletricidade e o magnetismo, têm soluções que descrevem ondas ditas eletromagnéticas, em cujo interior os campos elétricos e magnéticos se alternam em geração mútua constante. Na época, as chamadas ondas hertzianas foram descobertas experimentalmente por Hertz. Mais que isso, o ponto mais intrigante de toda esta história é que a velocidade da onda eletromagnética é uma constante universal! Ela não depende do observador, esteja ele no trem, no avião, no chão, em um navio, ele sempre observa a mesma velocidade, em flagrante contradição com a mecânica clássica descrita em termos da geometria euclidiana e do tempo universal!

Tentou-se, na época, uma explicação plausível para o fenômeno, que mantivesse a estrutura da mecânica clássica. Para isso pensou-se que, sendo a luz uma onda, ela deveria se mover em um meio físico, como as ondas que se formam no mar. Decidiu-se procurar esse meio, chamado éter, no qual o eletromagnetismo percorreria de forma parecida com o caminhar de uma onda de perturbações sobre as águas planas de um lago ou das próprias ondas do mar.

Houve uma famosa experiência, feita no final do século XIX, por Michelson e por Morley. Eles enviaram uma mesma onda por caminhos ligeiramente diferentes. Esperava-se, com isso, levando-se em conta o movimento da terra em relação ao éter universal, perceber-se uma pequena diferença entre as velocidades das duas partes da mesma onda. Portanto esperava-se um retardamento de uma das partes. O resultado foi nulo, isto é, não havia qualquer retardo da onda ao percorrer caminhos diferentes! Tínhamos o início de uma revolução do pensamento, parte de uma revolução ainda maior das ideias, que se daria no início do século XX.

A experiência brevemente descrita acima levou os físicos a um grande número de hipóteses relativas às ondas eletromagnéticas. Não existindo o éter universal, e sendo a velocidade da luz uma constante universal, uma grande reinterpretação da física seria necessária. Vários trabalhos importantes foram feitos na época. Devemos

---

[11] No caso, consideramos um movimento com velocidade constante. Outros movimentos são possíveis, mas mais complicadas são as regras de tranformação.

destacar as hipóteses de contração do espaço na direção do movimento e os trabalhos de Lorentz e de Poincaré, culminando com a reinterpretação de Einstein, que é a teoria da relatividade especial, de 1905.

Como hipóteses, a teoria da relatividade supõe a independência da forma das leis físicas em relação ao observador e a constância universal da velocidade da luz. As consequências são enormes. O que nos interessa no momento é a reinterpretação dos conceitos de espaço e tempo, principalmente o último, que passa a ter uma posição muito similar à do espaço: termina assim o conceito de tempo absoluto. Foi a queda de um gigante do mundo das ideias: a nova interpretação do tempo é algo mais próximo à de um coadjuvante, um rótulo de acontecimentos que deixa de conter a ideia do absoluto, vinda anteriormente por meio da física de Galileo e de Newton.

Agora, cada observador conserva uma ideia mais própria do passar do tempo. Para um viajante espacial com grandes velocidades, segundo a teoria da relatividade, o tempo passa de modo bastante mais vagaroso. Ao final de sua viagem, quando de retorno à Terra, ele estará mais jovem que seus contemporâneos!

Tal reinterpretação da variável temporal é uma das entradas para a revolução científica que se processou no século XX. Foi a primeira grande mudança ocorrida no âmbito da física clássica. O ideário clássico romântico, já tornado realista na literatura, tem nova faceta, desta vez científica, em direção ao Modernismo. Todavia, esta não é a única mudança, apesar da nova interpretação ser de grande impacto.

As mudanças tiveram de se estender para outros âmbitos dentro da própria mecânica. A famosa equivalência entre massa e energia originou-se nessas mudanças, levando a objetos mais sombrios, como a bomba atômica. O espaço-tempo e a matéria passaram a descrever o mundo de modo mais fundamental. As próximas descobertas, atingindo o edifício da física, iriam aprofundar ainda mais todas essas mudanças.

Todavia, a descrição de Pitágoras ou Kepler, segundo a qual a geometria é o arquétipo da beleza do mundo, continua válida na teoria da relatividade, e certamente esteve dentro dos caminhos mentais de Einstein, cujos arquétipos eram clássicos e matemáticos. Assim, o paradigma de Kepler se repetiria, agora em condições diferentes. O mesmo paradigma será uma das molas mestras de novas teorias.

5.2.1 O espaço-tempo

Raramente[12] podemos precisar a data e o local de nascimento de um conceito ou de uma ideia científica. Porém, a crucial noção de espaço-tempo possui, ironicamente, inquestionáveis data e local de nascimento: 21 de Setembro de 1908, data

---

[12] Parte do que segue está contido na referência [12].

As Grandes Revoluções Científicas do Século XX

Figura 5.4 Hermann Minkowski (* Kaunas, Lituânia, 1864; † Göttingen, Alemanha, 1909). Matemático alemão, foi professor de Albert Einstein na Politécnica de Zurique.

da célebre palestra pública de Hermann Minkowski intitulada *Raum und Zeit*[13] e proferida diante da plateia do octogésimo encontro da *Versammlung Deutscher Naturforscher und Ärzte*[14] em Colônia, Alemanha.

O protagonista principal da história do conceito de espaço-tempo, Hermann Minkowski, era um judeu-alemão nascido numa família acomodada em 22 de junho de 1864, em Kaunas, atual Lituânia, mas então pertencente à Rússia. Matemático prodígio formado nas Universidades de Berlim e de Königsberg, recebeu com 19 anos o Prêmio de Matemática da Academia Francesa de Ciências por um trabalho sobre a teoria das formas quadráticas. Com pouco mais de 30 anos, ganhou pleno reconhecimento com seu trabalho sobre a geometria dos números. Foi professor em Bonn, Königsberg, Zurique e, finalmente, em Göttingen. Na Politécnica de Zurique, foi professor de Matemática de Einstein, na virada do século XIX. Mais que isso, Einstein afirmou que fora Minkowski o professor que mais o influenciou em sua fase de formação, marcando-o principalmente pela maneira com que relacionava a física e a matemática. A opinião de Minkowski sobre Einstein sempre foi envolvida em polêmicas. Dizem que Minkowski se espantou ao conhecer a autoria dos famosos trabalhos do *Annus Mirabilis* de 1905, pois considerava Einstein um aluno preguiçoso e desinteressado, que nunca dera a devida importância à matemática. Há também os que afirmam que foi Minkowski o primeiro a perceber alguma

---

[13] Espaço e tempo, em alemão.

[14] Assembleia de Cientistas Naturais e Médicos Alemães, organismo alemão dedicado à divulgação científica, muito ativo na época.

genialidade nesse seu aluno certamente especial. De qualquer forma, ambos sempre demonstraram publicamente grande admiração e respeito mútuos.

A histórica palestra de Minkowski foi aberta com a já famosa declaração: "As visões de espaço e tempo que pretendo apresentar aqui provêm da Física experimental e nisso reside sua força. Elas são radicais. De agora em diante, o espaço em si e o tempo em si estão condenados a se tornar meras sombras, e apenas uma fusão dos dois será viável como realidade independente." Para entendermos um pouco mais a fundo o significado desta declaração e as notáveis consequências para a física da contribuição de Minkowski, convém retrocedermos alguns anos.

O ano de 1905 é chamado de *Annus Mirabilis* da física moderna pela explosão de criatividade dos três trabalhos fundamentais de Einstein: a quantização da luz (a existência do fóton), a hipótese atômica (no chamado movimento Browniano) e a teoria da relatividade restrita, que nasce num trabalho de título "Sobre a eletrodinâmica dos corpos em movimento", no qual se argumentava que a noção newtoniana de tempo absoluto, com ritmo independente do estado de movimento do observador, era incompatível com alguns fatos conhecidos da física da época. Essencialmente, o eletromagnetismo de Maxwell não se coadunava satisfatoriamente com a mecânica de Newton. Diversos fenômenos eletromagnéticos e óticos pareciam paradoxais quando analisados do ponto de vista newtoniano, sendo o mais célebre deles o problema do suposto meio (o éter) para a propagação de ondas eletromagnéticas e da luz. A solução destes problemas apresentada por Einstein implicava algumas consequências surpreendentes. Em particular, padrões de tempo e de comprimento passavam a depender do estado de movimento dos observadores. Apesar de estranhas, essas propriedades, ao contrário das newtonianas, foram todas confirmadas experimentalmente no que ficou conhecido como o mais famoso experimento negativo da Física: as (não) medições das variações da velocidade da luz por Michelson e Morley. Apesar de dependerem do estado de movimento dos observadores, não há padrões de tempo ou de comprimento (espaço) privilegiados na relatividade especial. Observadores inerciais (em movimento relativo retilíneo e uniforme) descrevem de maneira equivalente qualquer fenômeno físico. Suas observações de tempo e de espaço se relacionam matematicamente pelas chamadas transformações de Lorentz. A existência dessas transformações garante a total equivalência entre as descrições físicas feitas pelos observadores com padrões diferentes.

Minkowski sempre demonstrou grande interesse pelo trabalho de Einstein, que deu origem à relatividade restrita. Em 1907, concluiu o que foi seu único artigo sobre o tema, com título "Equações básicas para os fenômenos eletromagnéticos de corpos em movimento", que acabou sendo publicado no número de abril de 1908 do periódico *Göttinger Nachrichten*. Nesse trabalho, Minkowski mostrou como as transformações de Lorentz podiam ser vistas como certas rotações em um espaço maior, que incluía o tempo. Além disso, mostrava que os potenciais eletromagnéticos e as correntes elétricas comportavam-se como vetores nesse espaço maior. Chegou, inclusive, a interpretar o campo eletromagnético como uma generalização de vetores, à qual posteriormente foi dado o nome de tensor, e que Minkowski denominava Traktor. Todas essas ideias foram discutidas e apresentadas na famosa palestra de Minkowski. Sua proposta era incorporar espaço e tempo em uma nova unidade indissociável fundamentada em suas formulações matemáticas. Nesse instante, abrem-se as portas para uma grande reinterpretação da relatividade especial, que acabaria por se estender a toda a Física. A primeira reação de Einstein ao trabalho de Minkowski e à sua palestra foi, contudo, um tanto negativa. Einstein classificou as ideias de Minkowski como "erudição supérflua", chegando a declarar, em tom jocoso, a amigos: "Desde que os matemáticos tomaram conta da teoria da relatividade, nem eu a entendo mais." Einstein precisou de um ano a mais para perceber a revolução por trás da proposta do espaço-tempo. Em particular, o espaço-tempo de Minkowski provaria ser o solo natural para o desenvolvimento do que Einstein chamou de seu "pensamento mais afortunado":[15] a equivalência entre gravidade e aceleração, a principal semente da teoria da relatividade geral. Em seu livro de 1923, *The Meaning of Relativity*, Einstein dedica um capítulo de destaque à noção de espaço-tempo de Minkowski. Einstein lamentou muito a precoce morte de Minkowski em Göttingen, três meses após sua palestra de Colônia, antes de seu quadragésimo quinto aniversário, vítima de uma peritonite aparentemente causada por uma crise aguda de apendicite.

5.2.2 A ordem temporal

Dentro do pensamento clássico, não parece haver possibilidade de pensamento sem a ordem temporal. Toda a lógica parece estar baseada numa existência, no mínimo implícita, do tempo e de sua evolução. A lógica necessita de implicações que indicam que um elemento antecede outro, havendo então uma ordem subjacente, natural. Apesar desse argumento não ter sido explicitamente formulado, ele descreve bem o tipo de compreensão que os clássicos têm do tempo.[16]

Assim, não parece haver lógica num ambiente desprovido de tempo, isto é, deve haver uma indicação de direção e sentido no caminhar do tempo, e certamente um conceito de causalidade subjacente deve imperar.

É assim que se torna natural o tempo absoluto de Newton. Difícil de ser definido, todavia aceito por qualquer ser pensante, porquanto intrínseco ao pensamento. O tempo relativo, característico da teoria da relatividade, assim como o tempo da teoria quântica, colocam-se em um patamar de ideias pouco acessível.

---

[15] *Die glücklichste Gedanke.*

[16] Ver, por exemplo, a discussão entre David Bohm e Krishnamurti em *The Ending of Time.* [13]

Por outro lado, temos o espírito da Igreja, cujo paradigma pós-medieval foi a grandiosidade de sua própria presença, objetivada na imensidão da catedral de *San Pietro*. Qual não teria sido a admiração da mesma nos idos mil e quinhentos! Nesse caso, a sociedade tentava ser atemporal. O inferno e o paraíso tomavam aspectos eternos, e a estupefação jamais se dissipava. O universo deveria ser perfeito, estático, finito. Não havia lugar para evolução ou progresso. A imagem do inferno de Dante era estática; os próprios atores tinham uma imagem estática do mundo, enquanto o mundo físico tinha uma corrida temporal.

A modernidade, permeada de ideias de evolução permanente, dentro do Iluminismo, volta ao classicismo, à realidade renascentista de procura de ideais humanos e belos. Era natural a existência de um tempo universal e absoluto que contivesse a ideia evolutiva, base da Revolução Francesa.

Qual é a relação entre tal realidade pré-moderna e a filosofia Agostiniana? O fato de Agostinho ter sido o paradigma da reforma, fazendo-se espelhar em Calvino, teria sido um ponto de cisão na linha de pensamento vigente no Ocidente. As ideias de Agostinho relativas ao tempo e seu início mostram sinais de modernidade.

A visão moderna de tempo é baseada na teoria da relatividade geral. Neste caso, se por um lado o tempo não passa de um parâmetro com o qual se mede o evoluir dos fatos, colocando-os em ordem de acontecimento, e, portanto, uma simples variável de descrição do mundo, seu significado intrínseco passa a colocar problemas seríssimos para se chegar à sua compreensão de fato. O problema mais importante vem das simetrias da física. As leis fundamentais da física são simétricas por *inversão temporal,* o que significa que qualquer fenômeno simples, se fosse filmado, poderia ser visto com o filme passando para trás. Isto é fato corriqueiro para fenômenos simples, como, por exemplo, duas esferas chocando-se uma contra a outra (como em um jogo de bilhar). Se filmarmos e passarmos o filme para trás, obteremos uma situação tão fisicamente possível como a situação realmente filmada. O mesmo não se pode dizer, por exemplo, da quebra de um ovo. Apesar das leis da física serem as mesmas, há uma situação que de fato não se processa. Tal impossibilidade de se passar um fenômeno para trás no tempo é descrito por uma função fenomenológica, a *entropia*, regida por leis próprias, as *leis da termodinâmica*, que dizem, em particular, que a *entropia* sempre aumenta em processos físicos.

Na relatividade geral, a situação não é diferente, e mesmo havendo uma direção para a direção do tempo, não se descobriu até o presente uma função fundamental que tome o papel da entropia do sistema cosmológico.[17] Como o tempo cosmológico permeia toda a existência do universo, incluindo, em especial, a vida, passa a ser fundamental a compreensão mais detalhada de seu papel na evolução existencial. Nesse caso, há duas vertentes de discussão. A primeira é puramente biossociológica, a segunda, do pensamento, ligada à nossa estrutura psíquica.

---

[17] Para uma discussão detalhada, mas ainda simples do problema, ver [14].

As Grandes Revoluções Científicas do Século XX

A estrutura do tempo para o homem toma também dimensão de maior transcendência. É claro que o passar do tempo físico, através da evolução natural dos processos físicos, prepondera, mas a questão da evolução, da vida e da morte, dentro dos âmbitos pessoal e social, tomam novas formas, e sua compreensão torna-se ainda mais difícil.

O misticismo e o tempo formam uma configuração bastante singular e se misturam com grande frequência. A visão antiga do tempo, como um simples fluir, presente na física newtoniana, ainda está presente em nossas vida. Mas a questão do antes, do infinito para trás, gera novos problemas filosóficos para sua compreensão. O problema do início é fundamental, já que um infinito para trás nos leva a problemas formidáveis sobre a evolução tanto do homem como do cosmos. Cronos, como a divindade que nos trouxe o tempo ou o início bíblico, foram soluções aceitáveis, até mesmo melhoradas na versão agostiniana.

A estrutura de compreensão do tempo está muito ligada à nossa compreensão da vida. Vimos que a visão da religião clássica baseava-se em um mundo temporal, com um céu atemporal, eterno, mas com um fluir diverso do tempo. As religiões ocidentais têm uma tendência a considerar o fluir do tempo como parte do mundo. A visão mais abrangente de vários universos na teoria quântica da gravitação nos dá a possibilidade de transcender à questão temporal.

5.3 A teoria da relatividade geral

Há um germe da relatividade geral que faz parte da experiência de Galileo de queda dos corpos e que se deixa entrever nas equações de Newton da gravitação. Tal germe foi bastante discutido durante os últimos séculos, do ponto de vista filosófico, chegando a ganhar status de importância física na teoria geral da relatividade.

Esta questão concerne à definição de massa. Galileo observara que todos os corpos caem com a mesma aceleração em direção à Terra. Por quê? Olhando-se através das equações de Newton, que colocam as hipóteses de Galileo de modo formal, podemos ver que a matéria tem duas características fundamentais. A primeira é a inércia: é difícil mover um corpo, isto requer força. Se um corpo estiver isolado, isto é, se não houver forças agindo sobre o mesmo, ele permanecerá em seu estado de movimento; se estiver se movendo sem influência de outros corpos, continuará indefinidamente com velocidade constante.

Em termos quantitativos, o que foi descrito acima significa, através da equação de Newton, que a força aplicada deve ser tão maior quanto maior for o valor pretendido para a aceleração de um dado corpo. Mais ainda, para se conseguir uma certa aceleração, a força será tão maior quanto maior for a resistência do corpo ao movimento, resistência esta que se convencionou chamar de massa. Diríamos *massa inercial*, ou seja, resistência *passiva*, *inerte*, ao movimento.

86　　　　　　　　　　　　　　　　　　　　　　　　　　　*Cosmologia*

Por outro lado, olhemos para a causa do movimento, a força. Atentemos para a atração gravitacional: a lei da gravitação universal nos diz que matéria atrai matéria na razão direta de suas massas (e na razão inversa do quadrado da distância relativa). Chamaremos tais massas de *massas gravitacionais* associadas aos corpos em questão. A *experiência de Galileo* nos diz que a *massa inercial* é igual à *massa gravitacional* de um corpo. Este foi um dos mais profundos mistérios da física clássica!

Mach propôs um argumento interessante. Se girarmos um balde cheio de água, esta tenderá a subir pela borda do balde. De acordo com as leis de Newton, este é um resultado da inércia, já que a água tende a subir pelas paredes do balde, devido ao fato de a inércia fazer a água sair pela tangente ao movimento. Por causa da contenção da parede do balde, a água ali permanece, mas sempre tendendo a sair do balde, formando, portanto, uma figura não plana. A proposta de Mach é a seguinte: se não houvesse outras massas no universo, não poderíamos notar a rotação, de modo que as forças de inércia nada mais seriam que uma força média provocada pelas massas do universo. Essa seria uma forma mais geral do princípio de relatividade, segundo o qual qualquer observador, acelerado ou não, vê sempre a mesma física, onde quer que ele esteja.

Einstein formulou a relatividade geral da seguinte maneira. Suponhamos que o observador esteja dentro de uma caixa fechada que cai livremente, em um campo gravitacional. Fazendo ali uma experiência local, ele afirma não haver forças sobre outros corpos no elevador. Ou seja, afirma estar em um referencial inercial.

Um observador externo vê uma força gravitacional sobre o corpo. A comparação entre ambos os observadores, dada a geometria do problema, leva-nos à equação de movimento do corpo. Assim, forças gravitacionais são efeitos da geometria do espaço, isto é, o espaço é curvo! Como vimos já no caso da relatividade especial, em que espaço e tempo pouco diferem, concluímos também que o tempo, que não é absoluto, passa a *andar em curvas,* em uma geometria qualquer que obedeça às equações de Einstein. Desse modo, a relatividade geral incorpora, de certa forma, a argumentação de Mach.

5.4 A mecânica quântica

A mecânica quântica teve uma origem absolutamente insólita, pois veio de uma explicação de demasiada simplicidade, obviamente errada sob o ponto de vista clássico, para um fenômeno simplíssimo, mas de explicação impossível até aquele momento, dentro da física clássica. Chegou-se a pensar, na época, que a física estava completa e que só seria necessária uma explicação para poucos fenômenos, entre eles o fenômeno acima mencionado, chamado *radiação do corpo negro*. Não entraremos em termos mais específicos, mas o fato é que a maneira encontrada por Planck, ao supor que a energia aparecia em pacotes de tamanho definido, era obviamente errada do ponto de vista clássico, mas que explicava o fenômeno ao detalhe!

As Grandes Revoluções Científicas do Século XX

Logo após Planck, um grande grupo de cientistas iniciou a procura da nova teoria. Costuma-se dizer que eram tempos áureos da física. Vários fenômenos aparentemente simples, mas de enorme consequência conceitual, foram explicados, tais como o efeito fotoelétrico, o efeito Compton, a difração de elétrons e o átomo de Bohr que pode ser considerado o ápice das novas descobertas de então. A explicação de cada fenômeno era feita dentro da conceituação da chamada *velha mecânica quântica*. Cada explicação se dava com hipóteses baseadas no princípio de quantização, no qual grandezas físicas convenientes eram usadas como se fossem múltiplas de uma quantidade fundamental, sempre se baseando em uma nova constante universal, $\hbar$, de valor numérico pequeno em termos de unidades usualmente utilizadas na *física macroscópica*, $\hbar \equiv {}^{h}/_{2\pi} = 1{,}0 \times 10^{-27}$ erg $\times$ s, ou seja, ela é numericamente igual a

$$0{,}000\ 000\ 000\ 000\ 000\ 000\ 000\ 000\ 001,$$

em unidades convenientes usualmente utilizadas em fenômenos macroscópicos.

Uma formulação mais coerente da teoria quântica veio com os trabalhos do físico alemão Werner Heisenberg e do austríaco Erwin Schrödinger, juntamente com a interpretação do dinamarquês Niels Bohr que era o líder da chamada escola de Copenhagen.

Segundo a teoria quântica, há observáveis físicos que descendem das grandezas clássicas.[18] Na mecânica clássica descrevemos os observáveis por meio das chamadas *variáveis de espaço de fase,* que são as posições e os momentos conjugados que, por sua vez, são basicamente equivalentes às velocidades dos corpos.[19] O momento e sua variável conjugada formam um par bastante *sui generis* na mecânica quântica, pois não podem ser observados em detalhe ao mesmo tempo: quanto mais conhecemos sobre um membro do par, menos conhecemos sobre o outro. É o princípio de incerteza de Heisenberg. Assim, se conhecermos onde está um objeto, não podemos saber exatamente qual é sua velocidade. É uma impossibilidade que independe de quão bons forem os instrumentos de medida.

A mecânica quântica está repleta de incertezas. Enquanto a física clássica é uma teoria das certezas, do determinismo, a mecânica quântica é uma teoria na qual há mais incertezas, mais dúvidas que, de fato, em princípio, não podem ser sanadas. A quantização leva naturalmente à interpretação de onda para uma partícula,

---

[18] Na mecânica quântica, as grandezas usuais da física carecem de sentido quando interpretadas ingenuamente. Assim, por exemplo, a energia não é mais uma grandeza mensurável no sentido usual, de modo que possa ser pesada ou manipulada. As grandezas clássicas são substituídas por grandezas matemáticas, muito mais difíceis de serem compreendidas. Não precisamos aqui definir melhor o significados dessas grandezas, precisamos apenas saber de sua existência e de algumas características gerais.

[19] Classicamente, no sentido acima, o momento nada mais é que a generalização do produto da massa pela velocidade da partícula.

e, portanto, ao princípio de complementaridade, no qual a incerteza está contida. A formulação de Schrödinger é tal que uma função de onda descreve uma partícula através da probabilidade desta estar em um chamado *estado*, caracterizado por *números quânticos* que descrevem os valores dos observáveis da teoria. De modo muito aproximado, o estado seria o equivalente à possibilidade de se encontrar uma partícula em uma certa posição. O tamanho (módulo ao quadrado) da função de onda dá a probabilidade de se encontrar a partícula no estado caracterizado pela função de onda.

Como então se faz uma medida na teoria quântica? Uma experiência, de acordo com a teoria quântica, não tem uma previsão completamente determinada. Só o que se pode dizer é que há uma probabilidade de uma previsão ser concretizada.[20] Isto significa um mundo probabilístico. No entanto, é mais que isto, pois não se pode, *em princípio,* dizer qual tenha sido o resultado de uma experiência, a menos que se faça *de fato* uma medida para se constatar o resultado. O que surpreende na mecânica quântica é o fato de que o resultado *depende* de alguém verificar a veracidade de tal resultado ou não! Isto leva naturalmente a uma série de aparentes paradoxos, pouco resolvidos. Um deles é o famoso paradoxo do gato de Schrödinger.

O paradoxo do *gato de Schrödinger* deriva de uma propriedade da teoria da medida na mecânica quântica, segundo a qual, pelo fato de haver uma amplitude de probabilidade antes de se medir um acontecimento, não se pode dizer, mesmo em princípio, que ele tenha acontecido. Por mais bizarro que possa parecer, este é o tipo de dificuldade que começamos a ter na mecânica quântica, qual seja, antes de vermos um acontecimento, tudo se passa como se a história ainda não tivesse acontecido e, no momento em que observamos, de repente, tudo já aconteceu! É o mistério quântico! Portanto, antes de se medir se um átomo decaiu, não se pode ter uma descrição completa do átomo. Suponhamos então que um átomo radiativo, ao decair, no interior de uma caixa fechada, ativasse um dispositivo venenoso que pode matar um gato no interior desta caixa. A pergunta é se, após algum tempo, o gato está vivo ou morto. A resposta, segundo a mecânica quântica, é que o gato não está vivo nem morto, mas em um estado intermediário. Este paradoxo confere um papel essencial ao observador.

Na física quântica, os conceitos tiveram de ser readaptados, não fazendo mais sentido o conceito de força, já que a ideia de uma trajetória não pode ser usada na teoria quântica. Todavia, a ideia de simetria introduzida já na física clássica continua válida, e a simetria na translação temporal novamente nos leva ao conceito de energia e sua conservação. A física quântica nos traz um novo mundo, certamente estranho às nossas experiências diárias, mas com ideias que, na verdade, poderão

---

[20] De fato, há menos que uma probabilidade, mas sim um *amplitude de probabilidade,* mas aqui não nos vamos ater a tal diferença, embora seja extremamente importante para diferenciar de uma probabilidade usual.

esclarecer alguns problemas, mas não sem passarmos em meio a novos paradoxos; ou talvez aparentes paradoxos. Ela nos traz novidades conceituais muito longínquas de nossa experiência diária. Sendo as partículas ao mesmo tempo ondas de probabilidades, não será possível, em um mundo quântico, um previsão exata do futuro, já que não é possível saber com exatidão a trajetória de um objeto: isto decorre do *princípio de incerteza* de Heisenberg. Uma equação de trajetória (ou a própria trajetória) não será jamais obtida em mecânica quântica, devido à incerteza do par formado pela posição e pela velocidade, que não podem ser conhecidos com precisão simultaneamente.

O *princípio de incerteza* de Heisenberg é ainda mais geral, pois há várias duplas de quantidades com incerteza relativa, como a que relaciona a posição de uma partícula e sua quantidade de movimento. Do mesmo modo, intervalos de tempo não podem ser medidos ao mesmo tempo em que seja medida, com exatidão, a energia de uma partícula. Outras duplas existem do mesmo modo. O princípio de Heisenberg é o maior mistério da mecânica quântica, ao mesmo tempo em que possibilita interpretações novas de um novo mundo.

Inicialmente, a mecânica quântica foi proposta como o equivalente da mecânica clássica newtoniana para o mundo microscópico. Uma das questões mais relevantes na época era encontrar a teoria que correspondesse à mecânica relativística einsteiniana para o mundo microscópico. Coube ao físico britânico P. A. M. Dirac esclarecer esses pontos com a introdução da mecânica quântica relativística. Esta nova teoria deu uma

Figura 5.5 Paul Adrien Maurice Dirac (* Bristol, Inglaterra, 08-08-1902; † 20-10-1984, Tallahassee, Flórida, EUA). Brilhante físico teórico britânico, introduziu a mecânica quântica relativística. Recebeu o Prêmio Nobel de Física em 1933.

90   *Cosmologia*

explicação satisfatória para a existência do *spin* do elétron, algo já conhecido na época. Além disso, fez previsões fantásticas, como a existência de antipartículas. Para cada partícula elementar de carga elétrica q e massa m, deveria existir uma outra partícula de mesma massa e carga inversa $-q$! Esta previsão alterou radicalmente o entendimento do mundo microscópico. A primeira antipartícula detectada de acordo com as previsões de Dirac foi o pósitron, a antipartícula do elétron. Foi detectado em 1932 por C. D. Andersen, seis anos depois da previsão teórica de Dirac.

5.5 Átomos, prótons, elétrons e outros
  – qual é o fundamental?

Demócrito, famoso filósofo grego, dizia que toda matéria era formada por uma unidade fundamental, indivisível, a qual ele chamou átomo (do grego: sem partes, isto é, indivisível). Todavia, a hipótese atômica não podia ser provada – ou desmentida – e ficou por vários séculos no domínio da filosofia. Na Idade Moderna, com o desenvolvimento da química, a hipótese atômica foi finalmente demonstrada pela experiência: reações químicas eram descritas por relações entre números inteiros, mostrando a existência de uma unidade fundamental. Posteriormente, Mendeleev classificou os átomos em uma tabela, a tabela periódica, de acordo com seus *pesos atômicos*, descobrindo uma série de regularidades. Baseado na ideia atômica, Boltzmann construiu uma teoria para os gases – a teoria cinética dos gases.

No final do século XIX, foi descoberto ainda o elétron e sua carga, por Thomson e seus colaboradores. Para dar a ideia final do que é o átomo, Lord Rutherford bombardeou finíssimas lâminas de ouro com pequenas partículas descobertas na época – as partículas α, provenientes de material chamado radiativo. Foi com grande surpresa que Rutherford constatou que o átomo era formado por um núcleo muito pequeno, enquanto os elétrons deveriam estar girando a uma grande distância, como no movimento planetário. Mas isso constituía um enorme problema, pois esse tipo de movimento de cargas não era compatível com a teoria eletromagnética de James C. Maxwell. Esta teoria, muito bem confirmada na prática, previa que, se o elétron girasse em torno do núcleo, ele começaria a emitir radiação – pois, segundo a teoria, cargas aceleradas irradiam. Assim, ele perderia sua energia e cairia no núcleo, de modo que a matéria seria instável.

Foi o físico dinamarquês Niels Bohr quem resolveu o problema, dizendo que as leis do eletromagnetismo, tais como elas eram apresentadas, não valiam para partículas muito pequenas. Bohr construiu teoricamente o átomo, introduzindo a constante fundamental h, postulada anos antes por Max Planck, para resolver o problema da radiação do corpo negro.

Para que a teoria quântica pudesse se tornar uma teoria física, sendo propriamente chamada de mecânica quântica, dever-se-iam mostrar as equações que regem o movimento das partículas na teoria quântica. Nesse sentido, Erwin

Schrödinger e Werner Heisenberg escreveram, independentemente, equações que regem o movimento das partículas e como estas equações devem ser interpretadas, já que a ideia de trajetória não vale mais na mecânica quântica.

Uma vez construída a mecânica quântica, havia dois gigantescos passos a serem dados. O primeiro, construir uma mecânica quântica relativística, incorporando a primeira teoria de Einstein (de 1905). Depois, tentar incorporar a relatividade geral, isto é, a gravitação. Esses processos envolvem problemas enormes que ainda hoje não foram completamente resolvidos, sendo que, para o segundo problema, qual seja uma teoria quântica da gravitação, ainda não há uma teoria completamente desenvolvida, mas várias tentativas em estudo, como a teoria de cordas.

Paul A. M. Dirac propôs, em 1928, uma equação – hoje chamada equação de Dirac, que descreve objetos na teoria quântica relativística. Mais uma vez, a teoria trouxe novas e fantásticas descobertas. Na teoria da relatividade, uma certa quantidade de matéria-massa tem um equivalente em energia, dado pela equação $E = mc^2$. Assim, energia e massa são equivalentes. Dentro da teoria quântica, esta relação adquire novas dimensões, pelo seguinte: a equação de Dirac, além de descrever o elétron, que tem carga negativa, descreve também uma outra partícula de carga oposta e mesma massa, a qual chamou-se de pósitron. Quando o elétron e o pósitron se encontram, eles se aniquilam, e as suas massas transformam-se em energia pura na forma de radiação eletromagnética! Além disso, a reação oposta é perfeitamente possível, e quando há quantidade suficiente de energia e condições apropriadas, como no choque *de partículas de altíssima energia, pode-se formar um par elétron-pósitron* (ou e^- e^+). De fato, poucos anos mais tarde o pósitron foi encontrado.

No princípio, chegou-se a pensar que o pósitron pudesse ser nosso conhecido, o próton, ideia que se configurou errada. O pósitron era uma nova partícula, um exemplo de antimatéria: ele é o antielétron.

A introdução da teoria da relatividade na mecânica quântica tornou-se então uma nova área, agora conhecida como teoria de campos. Essa teoria trata da descrição das partículas elementares – como o elétron, o pósitron, o próton e outras que seriam descobertas no contexto da mecânica quântica relativística. Mas outras descobertas excitantes estariam ainda por aparecer na década de 1930.

O decaimento β para substâncias radiativas era conhecido. Verificava-se que o nêutron decaía em um próton e um elétron, mas havia algo de errado, pois a quantidade de movimento e a energia aparentemente não se conservavam. Além disso, todas as partículas tinham *spin* 1/2,[21] de maneira que o momento angular também

---

[21] O *spin* denota a rotação intrínseca de uma partícula, e só tem sentido, de fato, em uma teoria quântica, podendo assumir apenas valores inteiros ou semi-inteiros. Os primeiros são chamados bósons, e os outros são férmions. As propriedades de bósons e férmions são muito diferentes. Uma partícula de *spin s* tem momento angular $s\hbar$.

não podia ser conservado. Em 1930, Wolfgang Pauli postulou a existência de uma nova partícula, o neutrino. Em 1934, Enrico Fermi formulou a teoria das interações fracas, responsável pelo decaimento β,[22] usando esta nova partícula – o neutrino, explicando as experiências até então. Posteriormente, em 1955, o neutrino foi de fato detectado numa reação β inversa.[23]

Outro problema que se fazia presente, era como o núcleo atômico podia ser estável se ele é formado por partículas com carga positiva (prótons) e partículas sem carga (nêutrons). Deveria, portanto, haver uma outra força agregando tais partículas, já que um cálculo rápido mostra que a atração gravitacional não pode juntá-los, pois ela é fraca demais. A nova força foi chamada forte – pois deveria sobrepujar a força de repulsão eletromagnética para conferir estabilidade ao núcleo atômico.

Assim como os fótons são os mediadores da interação eletromagnética, pensou-se que deveria haver um mediador da interação forte, e foi chamado de píon. Os píons foram de fato descobertos. No entanto, descobriu-se bem mais tarde que prótons e nêutrons não são partículas fundamentais, mas compostas de outras mais simples, os quarks. E ainda os mediadores não são os píons (apesar destes existirem), mas outras partículas chamadas glúons. Como se pode bem perceber, a imagem do universo das partículas elementares vai ficando cada vez mais complexa!

5.6 Impacto da nova física no século XX

O século XX caracterizou-se por enormes mudanças trazidas pelas novas descobertas. A mecânica quântica e a teoria da relatividade pareciam, no entanto, questões longínquas dos problemas vividos pela humanidade, artefatos culturais para deleite de poucos iniciados. No entanto, a ciência, principalmente na Europa central, germinava a céleres passos. A química deu passos gigantescos na direção da tecnologia. Infelizmente, foi a mesma química alemã que deu subsídios à produção de gases letais usados na Primeira Guerra Mundial. Foram utilizados ainda na Segunda Guerra para fins ainda mais tenebrosos.

Com a fuga de muitos cientistas da Alemanha, em virtude do nazismo, além de alguns italianos como Enrico Fermi, para os Estados Unidos, o polo atrator de cérebros começou a se deslocar. Na Alemanha, em 1938, Otto Hanh e Fritz Strassmann bombardearam urânio com nêutrons lentos, verificando que eles se partiam, com emissão de energia, em consequência da famosa equivalência de Einstein entre massa e energia, $E = mc^2$, consequência direta, por sua vez, da teoria da relatividade.

---

[22] O decaimento β é regido pelas chamadas interações fracas, responsáveis, entre outras coisas, por reações no interior de estrelas.

[23] O Sol emite grandes quantidades de neutrino. Como eles interagem muito fracamente, passam incólumes pela Terra.

O esforço científico de guerra inglês estava no radar, uma forte razão pela qual os aliados venceram a guerra nos céus.

Ao mesmo tempo, a Segunda Guerra tinha outras consequências: o físico húngaro Leo Szilard estava muito preocupado com o fato de se saber que se poderiam retirar grandes quantidades de energia pura da quebra de novos elementos, tais como o urânio, o que poderia levar à construção de uma potentíssima bomba; e se os nazistas colocassem as mãos nessa arma, certamente venceriam a guerra, com colossais consequências para a humanidade. Como é bem conhecido, Szilard procurou Einstein, e escreveram juntos uma carta ao então presidente americano, Franklin D. Roosevelt, alertando sobre o perigo. Na verdade, a época anterior à Segunda Guerra foi caracterizada pela grande depressão, o que acabou cimentando, nos Estados Unidos da América, a união entre governo, capital e ciência. Foi a época em que os Estados Unidos passaram a investir bastante em ciência como alavanca de desenvolvimento. O nome mais importante na época foi o de J. Robert Oppenheimer que formou um grupo ativo de físicos na costa oeste americana (depois da guerra ele dirigiu Princeton). Vários cientistas importantes da época defendiam uma indústria baseada na ciência, para alavancar o desenvolvimento. Quando havia falta de fundos (na perspectiva da época) os cientistas iam aos fundos particulares. Havia um sentimento no sentido de levar a ciência para a obtenção de novas tecnologias, tanto para o consumo, antes da guerra, como para a produção de novas armas. Ernest Lawrence, em Berkeley, Karl Compton, presidente do MIT, em Boston, o vice-presidente do MIT, Vannevar Bush, engenheiro que inventou um instrumento de cálculo anterior ao computador moderno, e James Bryant Conant, químico, presidente de Harvard, personificavam a opinião de que se deveria utilizar a ciência para o progresso americano. Outro nome foi o do editor da revista *Life*. No ensaio que aparece na edição de fevereiro de 1941, cujo título ilustra bem a opinião do autor, *O Século Americano*, Luce defende a entrada dos Estados Unidos na guerra, não como uma forma fundamental de luta contra o nazismo, mas para que se implementasse o século americano. Segundo seu biógrafo, Conant acreditava em um país armado até os dentes, tendo inclusive armas de destruição em massa.

O projeto Manhattan, para a construção da bomba atômica foi, desse modo, o início da ciência como grande alavancadora do progresso, tanto do ponto de vista positivo, pelo impulso da *Grande Ciência,* como no sentido de uma nova época de produção de armamentos mortíferos. Os grandes nomes da física da segunda metade do século XX começaram no projeto Manhattan. Ao mesmo tempo, a visão do papel da ciência mudou completamente a partir da segunda metade do século XX. A economia americana floresceu como consequência da grande ciência. A revolução dos computadores foi uma revolução baseada na mecânica quântica. No início do século XXI, a mecânica quântica é responsável por nada menos que 30% do produto interno bruto americano, e pode chegar aos 50%. A relatividade geral, uma teoria ainda mais distante de nossos pés, é responsável pelo hoje popular GPS. A grande maioria dos objetos e tecnologias usadas em nosso dia a dia tem como base a ciência dos últimos cem anos, desde máquinas copiadoras até satélites de telecomunicações, passando por exames médicos, curas de doenças, computadores ou miniaturização, além de muitas outras.

Assim, podemos dizer que o progresso moderno está baseado muito mais na produção de ciência e tecnologia, com a presença de assessores científicos apartidários, que na própria capacidade econômica de um país.

CAPÍTULO 6

Novas Ideias Científicas e as Teorias Universais

6.1 Teoria das partículas elementares

A meta das teorias físicas, de uma maneira geral, é unificar conceitos. Isto significa dar poucas e simples explicações para uma gama variada de fenômenos. É uma nova versão da navalha de Occam. Este era o grande sonho de Einstein: unificar as interações conhecidas, eletromagnetismo e gravitação (posteriormente as interações fraca e forte), em um esquema amplo, assim como eletricidade e magnetismo haviam sido unificados no eletromagnetismo. Era um sonho alto, e muitas foram as tentativas.

Usando a ideia de quebra de simetria, os professores Abdus Salam e Steven Weinberg propuseram uma teoria que unificava as interações eletromagnética e fraca, na década de 1960. Foi o primeiro avanço real no sentido da unificação das interações. A ideia era introduzir quatro partículas, chamadas campos de calibre, que são análogas a fótons de luz, quando a temperatura for muito alta. No entanto, quando a temperatura decresce o suficiente, três dessas partículas ficam pesadas, e uma, o fóton que conhecemos, continua sem massa. Os três fótons pesados acabam tendo pouco alcance para mediar uma interação e esta se torna *fraca*. O processo guarda analogia com o congelamento da matéria. Isso porque, quando a matéria é congelada, a simetria é menor. Expliquemos melhor. Consideremos um chapéu mexicano de abas muito altas e bolinhas movendo-se em seu interior. Quando a temperatura for muito alta, isto é, quando as bolinhas se movem muito

Figura 6.1 Abdus Salam (* Jhang, Paquistão, 1926; † Oxford, Inglaterra, 1996). Prêmio Nobel de Física, 1979, um dos responsáveis pela unificação eletrofraca.

rápido, elas vão a qualquer ponto do chapéu, não se importando com o cume no centro. No entanto, quando elas estão vagarosas, só podem dar a volta no cume, perdendo uma direção de movimento. Esta perda de uma direção de movimento é a quebra de simetria e leva ao ganho de massa dos três *irmãos* do fóton de luz. É também o que acontece quando congelamos um material cristalino: antes, todas as direções do cristal eram equivalentes; depois, devido à formação da estrutura cristalina, na qual os átomos se justapõem em direções definidas, algumas direções ficam diferentes de outras, e a simetria diminui.

A quebra de simetria torna-se uma pedra angular na construção das teorias unificadas. Notemos ainda que um outro conceito, a temperatura, entrou agora em questão e será muito importante na descrição do universo primordial, já que, no início, a temperatura era muito alta. Vemos, então, que já há um ponto de contato entre o infinitamente pequeno – as partículas elementares –, e o infinitamente grande – o macrocosmo.

Mas voltemos à teoria de Salam-Weinberg. Medimos uma simetria através de um conceito matemático chamado grupo. A teoria prediz a existência das correntes neutras que foram posteriormente constatadas em experimentos. Também prediz a existência dos companheiros massivos do fóton, chamados W^+, W^- e Z^0, que foram descobertos no CERN, em Genebra, em 1983, pelo grupo do professor Carlo Rubbia. Os professores Abdus Salam e Steven Weinberg receberam, juntamente com o professor Sheldon Glashow, o prêmio Nobel de física de 1979 pelos seus trabalhos em teorias unificadas. Posteriormente, pelo trabalho experimental, o professor Rubbia dividiu o prêmio Nobel de Física de 1984 com o engenheiro Simon van der Meer, que inventou o processo do esfriamento estocástico, que permite a acumulação de antiprótons, necessários para a experiência que visa à identificação dos bósons mediadores W^+, W^- e Z^0.

Além da teoria da interação eletrofraca, acima descrita, procurou-se compreender o papel da interação forte, que é descrita por 8 companheiros do fóton – os glúons, e por companheiros análogos do elétron, os quarks, que formam o próton e o nêutron. Várias formulações têm sido propostas para a grande unificação, não havendo resposta definitiva. Mas o que é certo é que, havendo uma teoria unificada com maior simetria e temperaturas mais altas ainda, existem outros companheiros do fóton, e estes outros companheiros – os campos de calibre X –, devido à grande simetria, vão tornar possível o decaimento do próton, ou seja, a morte do próton que se poderia transmutar em outras partículas. Isso implica que, em temperaturas altíssimas, o próton evapora, transformando-se em pósitrons e outras partículas. Tal decaimento do próton ainda não foi observado, apesar de um certo número de experiências estarem preparadas para tal observação. O que se prevê é uma vida extremamente longa para ele, mais de 10^{35} anos (o universo tem 10^{10} anos, portanto o próton sobreviveria ao equivalente a 10^{25} vezes a idade do universo!). O interessante é que este fato permite que possamos compreender por que o universo tem o conteúdo material conhecido, ou seja, 1 próton para cada 10 bilhões de fótons.

E o que acontece com a teoria da gravitação, até agora completamente fora deste esquema, e que teria sido o objeto da ideia de Einstein de uma unificação das interações? O fato é que a gravitação, sob o ponto de vista da mecânica quântica, é a mais complicada das teorias. Tecnicamente falando, a teoria da gravitação é não renormalizável, fazendo com que haja um número infinitamente grande de ambiguidades na definição da teoria quântica da gravitação. A ideia mais atraente hoje é que existe um outro tipo de simetria, chamada de supersimetria, que liga bósons e férmions, embebida em uma teoria com objetos extensos, a *teoria das cordas*.

6.2 A questão da unificação

Albert Einstein teve uma vida científica profícua. Publicou vários textos e trabalhos além dos três artigos que definiram 1905 como o *Annus Mirabilis*, o mote das comemorações do Ano Mundial da Física de 2005. Foi na década de 1920, então já amplamente reconhecido como um gênio, que Einstein publicou suas primeiras especulações sobre uma possível unificação das teorias eletromagnética e gravitacional num mesmo arcabouço geométrico. Suas motivações para propor uma descrição única para teorias com fenomenologia e bases teóricas tão distintas, como o eletromagnetismo e a gravitação, eram, praticamente, de cunho estético. Uma outra unanimidade sobre Einstein é a que ele foi o maior dos estetas da física moderna, talvez de toda a física. O sonho da unificação de Einstein tem motivado e mobilizado um enorme número de seguidores nessa tarefa, que se tornou muito mais complexa com o passar dos anos e com o refinamento de nosso conhecimento a respeito das interações fundamentais. Uma considerável parcela dos físicos teóricos atuais ainda se dedica a perseguir a chamada teoria do tudo, que continua, todavia, em um contexto um tanto onírico.

Antes de passarmos a descrever os esforços de Einstein e a sorte de seus sucessores nesse empreendimento, convém destacarmos seus predecessores, notavelmente os que tiveram sucesso. Nessa lista, o nome de maior destaque é, sem dúvida, James Clerk Maxwell, o gigante de Cambridge no século XIX. A teoria eletromagnética de Maxwell descreve, numa estrutura formal única, os fenômenos elétricos e magnéticos. Antes de Maxwell, tais fenômenos eram descritos por uma série de leis empíricas e fenomenológicas distintas. Seu contemporâneo Michael Faraday já havia descrito as leis da indução eletromagnética, as quais previam como um campo magnético variável podia induzir um campo elétrico e, consequentemente, uma corrente elétrica em um circuito próximo.

Faraday também introduzira o fundamental conceito de campo: o conjunto das hipotéticas linhas de força que preenchem o espaço e seriam responsáveis pelos fenômenos elétricos e magnéticos. Porém, foi somente com a teoria eletromagnética de Maxwell que os campos responsáveis pelos fenômenos elétricos e magnéticos foram efetivamente unificados. Pragmaticamente, isto significa que os campos elétricos e magnéticos passaram a ser descritos numa mesma estrutura formal, i.e., passaram a ser descritos por um mesmo conjunto de quantidades, os campos eletromagnéticos, que satisfazem um certo conjunto de equações matemáticas. Esse é o exemplo, por excelência, de uma unificação de teorias físicas. Várias são as vantagens da teoria unificada sobre as anteriores. Pode-se afirmar que a unificação de teorias seria uma tendência natural na ciência, compatível com o princípio da navalha de Occam.

Porém, sendo a Física uma ciência experimental, a verdadeira vantagem de uma teoria unificada viria de sua capacidade de fazer novas previsões testáveis. E foi por isso, e não por argumentos estéticos nem reducionistas, que a teoria eletromagnética de Maxwell foi aceita e se transformou num dos pilares fundamentais da física. A descrição de Maxwell previa novas formas de interação entre os campos elétricos e magnéticos. Por exemplo, sob determinadas situações, ondas eletromagnéticas, i.e., campos elétricos e magnéticos intimamente relacionados que se propagam no espaço, podiam ser geradas e irradiadas. A teoria de Maxwell fazia previsões precisas a respeito dessas ondas, como, por exemplo, sua velocidade de propagação. Essas ondas de rádio, i.e., ondas que podem ser irradiadas, foram produzidas e detectadas logo a seguir pelo físico alemão Heinrich Hertz. Todas as previsões de Maxwell foram verificadas. Em particular, a velocidade de propagação das ondas de rádio prevista por Maxwell foi verificada experimentalmente. Para grande surpresa na época, era muito próxima da velocidade da luz, então já conhecida com razoável precisão, possibilitando algumas especulações, as quais só se verificariam completamente no século XX, sobre o caráter eletromagnético da luz.

O sucesso da Teoria Eletromagnética de Maxwell demonstra que a busca de teorias unificadas está longe de ser um empreendimento fútil. A unificação de duas teorias plenamente satisfatórias em sua época (a teoria dos fenômenos elétricos e a dos fenômenos magnéticos) deu origem a uma outra teoria com previsões novas e inesperadas, que puderam ser testadas e comprovadas. Além disso, possibilitou especulações teóricas (natureza eletromagnética da luz) que motivaram uma série de outros estudos que culminaram, no século XX, no conceito do fóton e de uma nova teoria sobre a natureza da luz. Se não fosse pelo trabalho eminentemente teórico de Maxwell, todos esses desenvolvimentos, indubitavelmente, sofreriam um atraso considerável.

No início dos anos 1920, o conhecimento a respeito das interações fundamentais da natureza era muito mais avançado do que na época de Maxwell. Sua teoria eletromagnética continuava válida, como continua até hoje, para efeitos macroscópicos. O mundo microscópico, porém, sofrera uma revolução na virada do século (e no *Annus Mirabilis*) que culminara na mecânica quântica. A teoria de Maxwell não descrevia bem os fenômenos em escalas atômicas, e toda uma nova teoria fora construída. Além da revolução no mundo microscópico, houvera uma outra, no mundo mais macroscópico possível, que foi a relatividade geral, proposta por Einstein na década de 1910.

A Relatividade Geral é uma teoria da gravitação. Eletromagnetismo e gravitação eram as duas interações fundamentais da natureza conhecidas no primeiro quarto do século XX. Com elas, ou com suas versões quânticas, isto é, modificações à luz da mecânica quântica necessárias para a descrição do mundo microscópico, era possível descrever todos os fenômenos conhecidos na época, desde observações astronômicas até fenômenos atômicos. A relatividade geral de Einstein rompera com o paradigma newtoniano para a descrição das interações gravitacionais. A teoria newtoniana era uma teoria de ação à distância, ou seja, a teoria propunha que dois corpos distantes podiam interagir por intermédio de uma força universal proporcional ao produto de suas massas e inversamente proporcional ao quadrado da distância entre eles. A ação era instantânea, a teoria newtoniana não acomoda fenômenos envolvendo propagação de ondas, como a teoria de Maxwell. A incompatibilidade da ação instantânea com os fundamentos da relatividade especial de 1905 levou Einstein a propor uma nova teoria para a gravitação, desencadeando a relatividade geral de 1915.

A teoria de gravitação de Einstein, porém, emergiu como algo completamente novo, com pouca ou nenhuma relação com a teoria de Maxwell. A relatividade geral está baseada na hipótese, ligada à igualdade entre massa inercial e gravitacional, de que um campo gravitacional homogêneo é indistinguível dos fenômenos observados de um referencial acelerado. Assim, não existiria maneira de se distinguir entre experimentos realizados na superfície da terra e outros realizados no espaço distante, porém numa espaçonave em movimento uniformemente acelerado com aceleração igual a g. Ou ainda, os efeitos da atração gravitacional na superfície da Terra poderiam ser anulados por uma escolha adequada de referencial: num referencial em queda livre, por exemplo, os efeitos não inerciais contrabalançam os gravitacionais e tem-se a sensação de ausência de peso.

A relatividade geral implementa todos esses conceitos de maneira geométrica. A gravitação se manifesta alterando propriedades geométricas do espaço de tal maneira que as trajetórias de corpos gravitantes livres deixam de ser linhas retas e passam a ser as órbitas. A relatividade geral é, portanto, uma teoria do espaço e do tempo que explicava (e explica) satisfatoriamente todos os fenômenos observados. Na teoria de Maxwell, espaço e tempo são ingredientes externos independentes. Os campos eletromagnéticos se propagam no tempo e no espaço, porém nada dizem ou causam sobre eles. Na relatividade geral, por outro lado, espaço e tempo são quantidades dinâmicas, dependentes, sujeitas a previsões. São evidentes as enormes diferenças conceituais, matemáticas e físicas entre as duas teorias, e Einstein não se mostrou disposto a abrir mão da descrição geométrica da gravitação.

Especular sobre os motivos que levaram Einstein a procurar uma teoria que unificasse gravitação e eletromagnetismo não é tarefa das mais simples. Isso exigiria uma pesquisa rigorosa em textos originais da época, a fim de se recriar o ambiente que então se vivia. Porém, como Einstein quase sempre trabalhava de maneira completamente independente, é ainda mais difícil tentar entender suas motivações entendendo-se as preocupações de seu tempo. Podemos, contudo, especular quais seriam as vantagens de uma teoria bem-sucedida, como foi a de Maxwell em seu tempo, nesse contexto.

A descrição do campo eletromagnético como um fenômeno de espaço-tempo, obedecendo a um certo conjunto de equações matemáticas contendo as equações da relatividade geral, seria um avanço em consonância com a *navalha de Occam*: poderíamos prescindir das hipóteses a respeito do campo eletromagnético; ele seria, em essência, uma outra manifestação do espaço-tempo. Porém, para um físico, a possibilidade de fazer novas previsões é a mais sedutora das vantagens de uma nova teoria. Quantas interações completamente desconhecidas entre o eletromagnetismo e a gravitação poderiam estar escondidas numa nova teoria unificada descrevendo um espaço-tempo gravito-eletromagnético? Quantas outras especulações a respeito da natureza do espaço e do tempo poderiam surgir a partir de previsões dessa teoria? Não há como um físico evitar as comparações com o eletromagnetismo de Maxwell e vibrar com as possíveis previsões e novas descobertas advindas de uma descrição unificada do eletromagnetismo e da gravitação.

Einstein não teve sucesso em sua busca por essa teoria unificada. Trabalhou quase solitário por mais de 30 anos, praticamente até a sua morte. Teve poucos colaboradores nesse empreendimento, muito provavelmente por estar, uma vez mais, muito à frente do seu tempo. Todas as propostas de descrição geométrica para o eletromagnetismo, algumas em coautoria com o grande Erwin Schrödinger, falharam pelos mais diversos motivos. Uma delas, porém, merece um destaque especial. Em 1921, Theodor Kaluza, um físico polonês, mostrou que a relatividade geral poderia acomodar a teoria de Maxwell com algumas modificações um tanto excêntricas à primeira vista. Admitindo-se que o espaço-tempo tenha cinco dimensões (4 espaciais + 1 temporal), e não quatro (3 + 1), como nossa experiência quotidiana sugere, e que ele obedeça a uma versão generalizada das equações de Einstein da relatividade geral, tem-se uma teoria capaz de descrever simultaneamente, para seres que vivam efetivamente num subespaço de (3 + 1) dimensões, a relatividade geral, o eletromagnetismo e um novo campo desconhecido!

Essa não é, porém, uma unificação aceitável. Não há como explicar, sem outras hipóteses arbitrárias, a quarta dimensão espacial, em claro desacordo com nossa experiência quotidiana. Foi o físico sueco Oskar Klein quem, em 1926, mostrou como vencer o problema posto pela quarta dimensão espacial. Podia-se admitir, sem prejuízo para as previsões da teoria, que ela era compacta e muito pequena. Para efeitos macroscópicos, essa teoria teria, efetivamente, três dimensões espaciais, e não quatro, da mesma maneira que um canudo de refrigerante, apesar de ser uma superfície bidimensional, se visto de longe, parece efetivamente um objeto unidimensional. Nascia, assim, a teoria de Kaluza-Klein. Porém, ela não se estabeleceu como uma teoria unificada interessante. O motivo é que ela era completamente equivalente à relatividade geral e ao eletromagnetismo de Maxwell, incapaz, portanto, de fazer qualquer previsão nova, algo inaceitável para qualquer teoria física. Além disso, envolvia um novo campo espúrio, sem nenhuma interpretação na época. Como o exemplo da teoria de Kaluza-Klein mostra, nem sempre uma unificação de teorias num mesmo formalismo leva a um salto qualitativo de conhecimento.

Einstein morreu em 1955, sem vivenciar alguns dos frutos obtidos da busca pela teoria unificada iniciada por ele. O interesse por uma unificação renasceu alguns anos após a morte de Einstein. A Física, porém, havia evoluído muito desde os anos 1920. Um nível de compreensão mais profundo na natureza fora atingido e a resposta para a pergunta sobre quantas são as interações fundamentais da natureza não era mais, simplesmente, duas interações fundamentais, como nos anos 1920, mas, sim, quatro. Além da gravitação e do eletromagnetismo, no início dos anos 1960 conheciam-se duas outras interações fundamentais no mundo microscópico: a chamada interação forte, de curtíssimo alcance, responsável pela coesão dos núcleos atômicos; e a chamada interação fraca, envolvida no processo de decaimento radioativo beta.

Do ponto de vista teórico, a estrutura das chamadas teorias de *gauge*, ou teorias de *calibre*, desenvolvidas no início dos anos 1950 por C. N. Yang e R. Mills, começavam a ser elucidadas. O eletromagnetismo é uma particular teoria de calibre, a mais simples, caracterizada pelo grupo de simetrias abeliano[1] $U(1)$. O grupo $U(1)$ é um grupo contínuo com um único parâmetro, o que implica que há um único tipo de fóton, partícula microscópica sem massa associada ao campo eletromagnético.

Um dos grandes resultados da física da segunda metade do século XX foi a unificação das interações eletromagnéticas e fracas em uma nova teoria mais abrangente, que ficou conhecida como teoria eletrofraca. Os nomes associados a este grande avanço são os de S. L. Glashow, A. Salam, e S. Weinberg. A teoria eletrofraca cumpriu tudo que se esperava de uma teoria unificada, nos moldes do que ocorrera cem anos antes com o eletromagnetismo de Maxwell. A teoria eletrofraca descreve os fenômenos eletromagnéticos e fracos por meio de uma teoria de calibre baseada em um grupo maior,[2] o $SU(2) \times U(1)$.

O fóton de luz usual está acomodado no setor da teoria correspondente ao grupo $U(1)$. Daí, infere-se que as partículas microscópicas associadas à interação fraca, equivalentes do fóton para o campo de força fraca, devem estar acomodadas no setor correspondente ao grupo $SU(2)$.[3] Como esse grupo é um grupo contínuo a três parâmetros, esperam-se três tipos diferentes dessas partículas. Assim como os fótons, essas partículas não devem ter massa. Porém, o fato de a interação fraca ser de curto alcance exige que essas partículas tenham alguma massa. A solução para esse dilema ficou conhecida como mecanismo de quebra espontânea de simetria: os fótons e os três tipos de partículas associadas ao grupo $SU(2)$ interagem com um quarto campo, chamado campo de Higgs, de tal maneira que, para certas energias, as partículas associadas ao grupo $SU(2)$ comportam-se como se fossem três partículas massivas, as chamadas: Z^0, W^+ e W^-. Estas partículas foram detectadas nos anos 1980 no CERN, na Suíça, e as previsões da teoria eletrofraca foram todas confirmadas.[4]

Outra questão está associada à interação forte, que corresponde às conhecidas forças nucleares. Elas são as responsáveis por atrair os prótons e nêutrons no in-

---

[1] Grupos abelianos são aqueles em que seus elementos podem ser multiplicados, e o resultado da multiplicação não depende da ordem em que for feita a multiplicação. Também são chamados grupos comutativos. Os grupos não comutativos, como aqueles que descrevem rotações, são muito importantes, pertencendo à classe dos chamados *grupos de Lie*, em sua grande maioria não comutativos. Os elementos do grupo $U(1)$ representam rotações particulares, aquelas que se fazem em torno de um eixo fixo. Os elementos desse grupo são números complexos de módulo 1.

[2] O grupo $SU(2)$ representa rotações em um espaço onde os eixos são números complexos. Esta interpretação pode parecer estranha, mas tais grupos são muito importantes na classificação das partículas elementares. O produto de dois grupos também é um procedimento usual, significando que há campos associados a cada grupo. Portanto, além do *fóton de luz* usual, há outro *fóton* um pouco mais complicado, invisível a nossos olhos, mas ainda assim bastante físico e que pode ser produzido em aceleradores.

[3] A situação real é um pouco mais complicada. O presente tratamento é bastante simplificado.

[4] Na verdade, os especialistas devem notar que o fóton usual é uma combinação dos fótons acima. Vamos ignorar estas questões técnicas.

terior do núcleo atômico. A interação forte é descrita, como mostrou o americano Murray Gell-Mann, pelo grupo não abeliano $SU(3)$. Como esse é um grupo contínuo com oito parâmetros, esperam-se oito tipos diferentes de partículas sem massa (mais fótons!) associada à interação forte. Esses são os chamados glúons, e as previsões desta teoria, chamada cromodinâmica quântica, estão em pleno acordo com todas os experimentos realizados até agora.

Pode-se dizer, então, que as três interações relevantes no mundo microscópico estão unificadas num único formalismo de calibre. Esse é o chamado Modelo Padrão da Física de Partículas, que tem como grupo de calibre o produto $SU(3) \times SU(2) \times U(1)$, além do mecanismo de quebra espontânea de simetria que garante que, para baixas energias (como no mundo em que estamos vivos), as três partículas associadas ao setor $SU(2)$ comportam-se como se fossem massivas, fazendo as correspondentes interações se tornarem fracas.

As chamadas teorias de grande unificação, que unificam as interações eletromagnética, fraca e forte propõem outros grupos de calibre, como, por exemplo, $SU(5)$, e outros mecanismos de quebra espontânea de simetria para garantir que, nas escalas de energia adequadas, o modelo se comporte como o bem-sucedido Modelo Padrão $SU(3) \times SU(2) \times U(1)$. As teorias de grande unificação ainda necessitam, contudo, de novas confirmações experimentais. Esperam-se novidades no novo acelerador de partículas do *Centro Europeu de Pesquisas Nucleares* (CERN), entidade formada por um consórcio de países europeus na década de 1950. O novo acelerador é o *Large Hadron Collider* (LHC), ou seja, grande colimador de hadrons, tendo entrado em funcionamento na primeira década deste século, com uma energia por partícula de 10^{12} eV, ou seja, um trilhão de elétrons-volts!

Como vemos, a única interação fundamental que ainda resiste a qualquer unificação é a gravitação. O maior problema agora não é a formulação geométrica da relatividade geral: desde os anos 1960 existem vários formalismos de calibre para a relatividade geral. O problema é sua aparente incompatibilidade com a mecânica quântica. Falta-nos, para completarmos o quadro sonhado por Einstein da unificação das interações fundamentais, uma teoria quântica da gravitação. Não há nenhum dado experimental sobre a natureza da interação gravitacional nas escalas microscópicas. Os únicos indícios vêm de algumas previsões e, principalmente, das falhas da relatividade geral: as singularidades, tanto a inicial (o *Big Bang*) como as associadas ao colapso gravitacional (buracos negros). Nessas situações extremas, a relatividade geral deve scr substituída por uma teoria mais completa, válida em escalas microscópicas, e tais singularidades devem ser eliminadas ou melhor compreendidas.

Uma das únicas teorias candidatas aparentemente livres de inconsistências é a chamada teoria de cordas. Em seu estágio atual, talvez devesse ser considerada uma prototeoria, pois ainda não está em condições de fazer previsões observáveis. Porém, uma série de resultados preliminares extremamente promissores tem mantido um número considerável de pesquisadores nessa área. As modernas teorias de cordas nada têm a ver com sua ancestral dos anos 1960, proposta para explicar alguns fenômenos da interação forte. A teoria de cordas teve um grande impulso nos anos 1970 e 1980, com a inclusão do conceito de supersimetria e, principalmente, com os resultados que estabeleceram sua consistência quântica, se formulada sobre um espaço-tempo que satisfizesse as equações de Einstein da relatividade geral, sugerindo sua relevância para a descrição de um regime quântico da gravitação. Curiosamente, os espaços-tempos das teorias de cordas são, em geral, de dimensão maior do que quatro, ressuscitando as teorias de Kaluza-Klein.

Vários modelos foram inspirados nos resultados parciais das teorias de cordas e algumas de suas previsões, notadamente as ligadas à supersimetria e às possíveis dimensões extras do espaço-tempo, poderão ser testadas num futuro próximo. Algumas grandes surpresas podem estar próximas.

Desde há muito tempo, unificar ideias foi um caminho de sucesso dentro da física. Na Antiguidade, os céus eram vistos como quase outro mundo com outras leis, e de fato não puderam ser compreendidos. Foi quando Newton tratou dos céus como algo tangível, com leis análogas às leis terrestres, é que pudemos compreender o movimento dos astros, e suas fascinantes propriedades se tornaram parte de nosso conhecimento.

Posteriormente, foram melhor estudados os fenômenos elétricos e os magnéticos, alguns deles conhecidos e admirados desde a Antiguidade. A bússola foi baseada em fenômenos magnéticos, e possibilitou as grandes navegações. No século XIX, esses fenômenos foram melhor estudados, suas propriedades matemáticas foram estabelecidas, e, como consequência, foi descoberto que os dois tipos de fenômeno são parte de uma mesma estrutura. Mais ainda, foi descoberto que o fenômeno luminoso era parte dos fenômenos eletromagnéticos. Subsequentemente se descobriu que a luz tinha uma velocidade universal. Assim, o eletromagnetismo e sua longa história possibilitaram uma revolução planetária, com consequências que vão desde uma reforma das teorias físicas, com a mecânica clássica dando lugar à teoria da relatividade, até uma revolução da tecnologia, ainda hoje em andamento, que possibilitaram todas as maravilhosas máquinas modernas baseadas no eletromagnetismo.

Com a descoberta das equações que descrevem a relatividade geral, que nos dão os campos métricos em termos das fontes que são as componentes de energia e momento da matéria, temos um análogo às equações eletromagnéticas de Maxwell, que nos dão as equações dos campos elétrico e magnético em termos de suas fontes que são as cargas e as correntes. O pensamento natural seria de unificar essas duas interações.

Mas outras interações fundamentais foram descobertas: a interação forte, que junta prótons e nêutrons dentro do núcleo atômico; e a interação fraca, mediando uma outra interação do núcleo atômico que controla, entre outras coisas, as interações internas às estrelas. Seria também muito natural uma unificação dessas interações em um mesmo bojo.

No entanto, a natureza nos prega várias peças, e as primeiras tentativas no sentido de se unificar o eletromagnetismo e a gravitação em nada auxiliaram nossa compreensão. Na verdade, o pano de fundo era o fato de a teoria de gravitação ser algo de grande dificuldade. O eletromagnetismo em sua versão quântica, a eletrodinâmica quântica, era uma teoria estruturalmente mais simples, por várias razões. Suas dificuldades técnicas, principalmente o fato de se encontrarem quantidades infinitas sem sentido físico, foram logo dominadas por técnicas novas. A constante de acoplamento da teoria, que descreve a interação entre fótons e matéria (a carga do elétron), quando escrita em sua forma adimensional, $e^2/\hbar c$, é numericamente muito pequena, aproximadamente igual a $^1/_{137}$. Isto significa que podemos utilizar o método de aproximações sucessivas e gerar resultados de grande precisão que podem ser comparados com a experiência, com enorme sucesso. A eletrodinâmica quântica foi comparada com sucesso com a experiência até uma precisão de uma parte em dez bilhões!

No caso da gravitação, ainda não houve um modo de se calcular resultados quânticos de forma correta, devido ao fato de a gravitação não ser compatível com a mecânica quântica. Assim, a gravitação e a eletrodinâmica são diferentes demais para caberem dentro de um mesmo arcabouço teórico de modo simples.

No entanto, a eletrodinâmica e a então recente teoria das interações fracas já se pareciam bastante, principalmente depois que a teoria de interações fracas fora descrita como tendo um tipo de fóton massivo que mediava as interações fracas. As duas interações foram unificadas na chamada interação eletrofraca.

Foram feitas inúmeras tentativas de se colocar a interação forte nesse mesmo mecanismo, unificando assim três das quatro interações elementares, com resultados parciais. Qualquer unificação dessas três interações teria como consequência a possibilidade de decaimento do próton, ou seja, a própria matéria teria uma expectativa de vida finita.

6.3 A inclusão da gravitação

Ficou claro que, para que se incluísse a teoria da gravitação em uma unificação das forças fundamentais, alguma nova ideia teria de surgir. Foi de fato comprovado que a teoria da gravitação não era renormalizável (isto é, continha quantidades infinitas sem interpretação física) e que tal como ela foi definida por Einstein, a chance de se ter uma teoria quântica era praticamente nula. A primeira ideia veio de outra parte da teoria de partículas e campos.

6.3.1 Supersimetria – bósons e férmions

Há duas grandes classes de partículas, cujos comportamentos são muito diferentes: os bósons são partículas de *spin* inteiro, enquanto os férmions têm *spin* semi-inteiro. O *spin* é uma quantidade que aparece em mecânica quântica análoga ao movimento de rotação dos corpos; seu valor é fixo para cada tipo de partícula, contrastando, neste ponto, com a rotação clássica. Esse número muito simples implica diferenças fundamentais dentro da teoria quântica. Um exemplo dessas diferenças é dado pelo gás hélio a temperaturas muito baixas. O He^3 (Hélio-3) é um férmion, e apresenta o fenômeno da superfluidez. Ele é um fluido perfeito. O He^4 (Hélio-4) difere do anterior basicamente pelo *spin*: é um bóson. O fato de a matéria ser em sua maior parte constituída de férmions permite que haja objetos extensos e que a matéria tenha a forma que conhecemos.

Até há 40 anos não se conhecia nenhum tipo de relação de simetria entre bósons e férmions. Pensava-se que fossem partículas de características distintas, criadas sem qualquer conexão entre si. Todavia, a ideia de unificação dentro da física tem sido muito frutífera, e acreditamos que uma visão fundamental dos fenômenos da natureza deva tratar de uma maneira única todos os fenômenos, e as partículas elementares devem ter sido criadas por um mecanismo comum. No entanto, várias dificuldades são encontradas para tornar realizável tal programa.

Do ponto de vista técnico, as teorias supersimétricas possuem propriedades muito interessantes, havendo possibilidade de solução de vários problemas, como a obtenção de resultados finitos na teoria quântica da gravitação, ou ainda a explicação da existência de partículas distintas cujas massas diferem em várias ordens de magnitude.

A supersimetria, no entanto, nasceu de ideias ainda mais estranhas. Foi no contexto de teorias de objetos estendidos que ela se iniciou. A um certo ponto, a supersimetria, como parte da teoria, tomou rumo próprio, já que, permitindo a obtenção de resultados finitos em teorias nas quais havia quantidades infinitas, tornou-se uma candidata forte a consertar os defeitos da teoria de gravitação quântica.

Mais ainda, a supersimetria era mesmo útil dentro do contexto de física de partículas, mesmo na ausência da gravitação, para se resolver outro problema aflitivo da área: na teoria unificada das interações, é estranho o fato de que alguns fenômenos necessitem de energias altíssimas para ocorrer, enquanto outros, completamente análogos, ocorrem com energias características pequenas. Isso é muito importante para que se tenha vida no mundo, pois um dos exemplos do que ocorre só para níveis altíssimos de energias é o decaimento do próton. Se o decaimento do próton ocorresse usualmente, nossa vida iria se esvair rapidamente, devido à morte da matéria. No entanto, processos análogos, como o decaimento fraco, ocorrem mais amiúde, o que também é surpreendente, já que se eles não ocorressem tão frequentemente, certos processos não ocorreriam em estrelas, e não teríamos a importante energia solar. No entanto, o fato de um processo ser extremamente raro, e outro, frequente, causa-nos espanto, pois nos falta a compreensão de tal diferença.

A supersimetria é uma candidata a tal explicação. Apesar de hoje ainda estarmos longe de confirmar sua existência através da observação, é certo que na sua ausência a teoria estaria irremediavelmente incompleta.

No âmbito da gravitação, foi definida a teoria da supergravidade, que foi, durante mais de uma década, considerada a candidata ideal para a unificação de todas as interações, em especial, a supergravidade, com um número máximo de supersimetrias, um total de oito supersimetrias independentes. Vemos que a situação é ainda mais complexa.

6.3.2 Teorias duais

Na procura por soluções que descrevam a teoria das interações fortes na década de 1960, os físicos tiveram pouco sucesso. As interações eram fortes, como diz seu próprio nome, e um método de aproximações sucessivas não poderia ser usado. Além disso, pouco se conhecia da estrutura formal da teoria das interações fortes.

Houve propostas no sentido de que a teoria a ser construída deveria ser o mais geral possível, levando em conta apenas aspectos fundamentais, com um princípio dinâmico bem geral, o que levou às chamadas teorias duais. As teorias duais foram estudadas e se mostrou que elas poderiam ser descritas pela interação de objetos filamentares, cuja teoria subjacente veio a ser denominada *teoria das cordas*. Essa descrição das interações fortes durou muito pouco, pois ela se mostrou incompatível com certos aspectos da teoria das interações fortes, e ao mesmo tempo foi proposta uma teoria mais específica do ponto de vista teórico para as interações fortes, que levou a resultados mais promissores:[5] a teoria de calibre $SU(5)$, como já vimos.

No entanto, foi descoberto que essas teorias de cordas tinham certas partículas associadas a elas com o mesmo *spin* esperado para descrever o mediador da gravitação, o *gráviton*. Conforme a teoria das cordas foi sendo mais e mais compreendida, viu-se que essa descrição era uma generalização da teoria de gravitação de Einstein, e que era compatível com a mecânica quântica, especialmente se a corda em questão contivesse a supersimetria, ou scja, passamos a falar da *teoria das supercordas*.

A teoria das supercordas foi sendo construída ao longo dos últimos 30 anos do século passado. Ela passou por duas revoluções. A primeira, na década de 1980,

---

[5] Ainda se usam as teorias das cordas como teorias efetivas para e descrição de interações fortes; não entraremos nesses detalhes.

quando se provou que as teorias de cordas eram objetos quase únicos, na medida em que há apenas um pequeno número delas, cinco, que contêm simetrias fundamentais. Essas simetrias, por sua vez, contêm aquelas simetrias responsáveis pelas interações elementares que conhecemos.[6]

A segunda revolução da teoria de supercordas aconteceu na década de 1990, quando se descobriu que as diferentes formas das teorias de supercordas eram todas equivalentes umas às outras, e que derivavam de uma teoria mais completa, a chamada teoria M, geradora de todas as teorias de cordas, e que seria a teoria promissora para que se descrevessem todas as interações elementares conhecidas.

6.4 Descrição quântica do universo como um todo: a teoria quântica da gravitação e o cosmos

A teoria quântica seria, supostamente, uma teoria universal, válida em todos os tempos e locais. Se assim não fosse, teríamos um problema sério de transição, ou seja, deveríamos compreender por que a teoria deixaria de ser válida aquém de um certo tempo, ou além de um certo espaço. Vários pesquisadores já aventaram a possibilidade de a teoria quântica não ser válida para a descrição do Cosmo, mas tal ideia não é mais defendida nos dias atuais. Vamos admitir aqui que a mecânica quântica seja uma teoria universalmente válida, em todos os recantos do espaço-tempo, já que não há qualquer fenômeno conhecido que corrobore qualquer dúvida a respeito.

No entanto, há uma questão séria no caso da teoria da gravitação e da descrição do universo como um todo. A teoria da relatividade geral sempre se colocou como um contraponto importante à mecânica quântica. Em primeiro lugar, há dificuldades técnicas quase insuperáveis para se descrever uma relatividade geral em concordância com as leis da mecânica quântica. Por outro lado, é muito difícil de se acharem fenômenos que sejam ao mesmo tempo quânticos mas que dependam da relatividade geral para sua descrição.

A aparente discordância de descrições é parte de uma problemática mais profunda. Há questões bastante gerais, como o fato de que, ao se quantizar a relatividade geral, devem-se rever os conceitos de espaço e de tempo, já que a própria medida do espaço e do tempo devem ser diferentes na teoria quântica. Esta vertente tem sido estudada há algumas décadas através da teoria das cordas que muda de modo fundamental a estrutura da relatividade geral de Einstein. A teoria das cordas, tida em vários setores da comunidade de física teórica como a *teoria de todas as coisas*, prevê um universo ainda mais complexo, com outras dimensões, mas sempre com uma mecânica quântica subjacente a todas as leis da física.

---

[6] Ou seja, o *grupo de calibre* do qual falamos antes deve estar contido no grupo de simetrias da teoria de cordas.

O problema interpretativo que nos resta é, no entanto, conceitualmente complicado, e vem do fato de que a mecânica quântica na formulação de Copenhagen requer o dito observador externo ao fenômeno. Entretanto, não podemos colocar um observador externamente ao universo; neste caso, o observador é sempre interno! Conforme colocado por Everett [14], podemos perguntar *como se aplica a mecânica quântica à própria geometria do espaço-tempo. Não há lugar externo ao sistema cosmológico de onde se possa observá-lo. Não há nada externo que produza transições de um estado a outro. Mesmo o conceito familiar de estado próprio da energia é completamente inapropriado, já que em um sistema fechado estes conceitos podem nos levar a afirmações inócuas.*

A fim de evitar esse tipo de problema, Everett [14] colocou a questão da seguinte forma. A mecânica quântica é tal que a função de onda pode evoluir de duas formas possíveis. No primeiro tipo de processo, que é o processo de medida, a função de onda muda de forma não causal, já que, medindo-se uma quantidade E que pode ter vários valores diferentes e possíveis, a função de onda colapsa em um dos valores possíveis de E, mudando sua forma. A nova forma da função de onda que descreve o problema imediatamente posterior ao processo de medida não obedece às regras usuais de causalidade, se compararmos com a função de onda anterior. O segundo tipo de mudança é através da evolução causal da função de onda. A primeira mudança acima não é causal. Pode-se reinterpretar a questão da seguinte forma: há um número infinitamente grande de observadores, e cada um observa a evolução da função de onda. Cada vez que uma observação é feita, o universo se multiplica de modo que cada observador diferente, em um universo diferente, vê um resultado diferente. A física real será a soma de todas as possibilidades.

Um resultado parecido foi obtido por Feynman, em sua chamada soma sobre todas as possíveis trajetórias. Nesse caso, a física corresponde a uma enorme soma de todas as possíveis possibilidades relevantes, cada uma delas com um peso equivalente a um número complexo que leva em conta o *tamanho* do sistema em relação a uma quantidade fundamental, a constante $\hbar$ de Planck. A interpretação de Everett pode assim ser vista como uma interpretação física mais real da formulação de Feynman da mecânica quântica.

Feynman não pensou em dar uma interpretação real às suas trajetórias, seriam apenas possibilidades para um objeto quântico quando ele fosse *caminhar* através de sua trajetória. No entanto, para uma geometria de espaço-tempo, com objetos vivos em seu interior, a soma sobre possíveis trajetórias é bastante similar à interpretação de Everett. No caso da física do muito pequeno, a diferença é irrelevante. Para a teoria da gravitação e sua aplicação à cosmologia, passa a ter alguma relevância. No caso da medida quântica em cosmologia, essa parece ser uma das possíveis interpretações. Outra seria mais ligada ao princípio antrópico, que diz basicamente que observamos algo neste mundo porque aqui estamos. Essa é uma ideia ligada à teoria das cordas, que prevê um grande número de possíveis universos, no que se convencionou chamar de *paisagens* e *pântanos*, ou seja, universos onde as leis da física são apropriadas à vida, ou contrárias a ela. Nesse caso, é um passo além da interpretação de Everett, com vários universos com diferentes leis da física. Certamente estamos dando largos passos em direção ao desconhecido. Precisamos agora de maiores conhecimentos em relação ao Cosmos.

CAPÍTULO 7

O Universo em Expansão

O universo como um todo foi gerado por meio de uma grande explosão universal. Foi uma explosão diferente daquelas que conhecemos: quando uma bomba explode, há uma onda de choque que sai emitindo energia para fora. No chamado *Big Bang*, ou *O Grande Bum*, todos os pontos do universo explodiram ao mesmo tempo. A partir de então, todos os pontos do universo estão se distanciando, de acordo com a teoria da relatividade de Einstein.

A grande explosão deu início ao que vemos de nosso universo. Foi nesse ponto que se criou a matéria, a temperaturas, no início, extremamente altas. O universo foi-se resfriando e as interações elementares foram se congelando, de modo que sobram hoje as quatro interações conhecidas: a interação gravitacional, responsável pelo nosso peso, pelo fato de girarmos em torno do Sol, pela formação das galáxias e de outras estruturas no universo; a interação eletromagnética, presente em toda tecnologia, responsável pela luz e pela agregação da matéria em átomos; a interação fraca, responsável pelo controle da emissão de energia do Sol e das estrelas; e, finalmente, a interação forte, que faz com que o núcleo atômico seja estável.

A compreensão das quatro interações elementares está intimamente ligada à compreensão do universo como um todo e de sua origem. É desse modo que o muito grande e o muito pequeno se encontram em uma teoria quase mágica, que explica grande parte do que conhecemos à nossa volta. Perguntas sobre o porquê de existirmos, sobre as interações elementares, sobre a origem e descrição do mundo à nossa volta referem-se à teoria de todas as interações elementares.

Nosso conhecimento sobre o mundo do pequeno se inicia com a descoberta da eletricidade e com a hipótese atômica. A eletricidade, de certa maneira conhecida desde há muito, começou a ser esclarecida no final do século XVIII, quando se estabeleceu a lei de Coulomb para a interação de corpos carregados eletricamente. Mas esse conhecimento estava apenas no início de uma grande era revolucionária. O conhecimento da teoria de Maxwell ultrapassou, em estrutura, o que se conhecia sobre a teoria da gravitação, pois, para esta última, a teoria de Newton apresenta apenas e tão somente seu efeito sobre os corpos pesados, sobre as massas, mas não sua real origem.

A descoberta do eletromagnetismo teve um efeito grandioso sobre a ciência e a tecnologia. Quanto a isso, é desnecessário falar mais. Quanto à ciência, representou a vinda de uma nova era.

No entanto, não foi a teoria da relatividade restrita consequência direta do eletromagnetismo, que modificou nossas ideias sobre o universo. A grande contribuição teórica de Einstein está no fato de ele ter moldado a teoria da relatividade para incorporar corpos acelerados e sistemas gravitacionais. Dessa vez, Einstein foi capaz de descrever através de equações como se gera a gravitação, como ela age sobre a luz e como ela descreve o mundo como um todo.

A grande surpresa para o próprio Einstein é que o resultado de suas equações da relatividade geral indica que o Universo não está parado, mas que ele se expande constantemente! O que ele fez foi então modificar suas equações para incluir um chamado *termo cosmológico* que fizesse o universo parar! O astrônomo Edwin Hubble, observando objetos distantes no espaço, verificou que eles se distanciam de nós com uma velocidade que é tanto maior quanto maior sua distância desde nós! Desse modo, a modificação proposta por Einstein de suas próprias equações não se mostrava correta.[1]

Qual o significado dessas observações? Elas afirmam que nosso universo está se expandindo continuamente, tal como ele nos é apresentado pelas equações de Einstein! Se acreditarmos que as equações de Einstein sempre foram uma boa descrição do universo, isto significa que, se pudéssemos olhar para traz no tempo, veríamos o universo diminuindo, de modo que, em algum instante longínquo, bem antigo, o mundo estaria infinitamente comprimido. Aquele seria o instante inicial do universo, o instante da *Grande Explosão*, o tão famoso e comentado *Big Bang*, a partir do qual surgiu nosso universo: nossa origem está em uma explosão universal.

Como acreditarmos que isto seja verdadeiro? Haveria uma maneira de se obter informações que nos levassem a esse instante inicial, ao instante daquela tremenda

---

[1] Hoje, estuda-se a possibilidade de haver um termo cosmológico. Todavia, não faz o mesmo papel que pretendia Einstein, mas é uma possibilidade para descrever-se a chamada *energia escura*. Voltaremos mais tarde a este fascinante assunto que será a descrição de um novo e fabulosos aspecto de nosso universo.

Figura 7.1 Edwin Powell Hubble (* Marshfield, Missouri, EUA, 1889; † San Marino, California, EUA, 1953). Observou a expansão do universo através de observações astronômicas, calculando a velocidade de galáxias distantes. Verificou que as galáxias se afastam de nós tão mais velozmente quanto maior sua distância até nós. Isso indica que o universo está se expandindo. Daí, a ideia da explosão inicial decorre naturalmente.

explosão? Afinal, a expansão do universo que observamos hoje é uma pista importante, mas gostaríamos de ter uma outra tão forte quanto ou ainda mais evidente que essa para que possamos ter certeza da descrição do universo por meio da relatividade geral. Gostaríamos ainda de saber o porquê dessa explosão e sua descrição detalhada.

O próprio Einstein duvidou da veracidade das soluções de sua teoria. Raciocinava-se que o universo a ser descrito por uma teoria fundamental deveria ser um universo fixo, com elementos fixos no cosmos. Foi com grande surpresa que foi recebido o anúncio do astrônomo Edwin Hubble de que as galáxias distantes estão se afastando de nós, ou seja, o universo está se expandindo! Isso corroborou o modelo de Friedmann-Lemaître-Robertson-Walker de nosso universo.

No entanto, a aceitação da teoria do *Big Bang* foi difícil, e levou ainda algum tempo, havendo teorias alternativas que precisariam ainda ser testadas. Várias das perguntas que se colocavam têm uma resposta hoje, mas não na época, e algumas delas ainda são motivação de grande pesquisa nessa área. Nas décadas de 30 a 50 do século XX, não se sabia como se demonstrar cabalmente o fato de o universo se expandir. Teorias alternativas surgiram, como a teoria da geração espontânea de matéria. Havia, porém, uma predição da teoria da *grande explosão*. Como em toda explosão, deveria haver restos, no caso, na forma de energia eletromagnética, ou seja, fótons que sobraram da queima inicial. Esses fótons, ou seja, essas ondas eletromagnéticas, estariam já muito *frios*. Frios aqui, significa que perderam energia.

De fato, pode-se calcular sua *temperatura*. Ela seria de apenas 2,7 Kelvin, ou seja, apenas pouco menos de três graus acima do zero absoluto de temperatura!

Qual o significado de uma luz mais *fria*? A luz é caracterizada por um comprimento de onda. A luz visível tem comprimentos de onda entre 300 e 500 *nanômetros* (bilionésimos de metro). De acordo com a mecânica quântica, a energia de um pacote mínimo de luz é proporcional à sua frequência. Como a energia é uma medida da temperatura, podemos dizer que a luz tem uma certa temperatura. De fato, a situação real é bem mais complexa do que isso, e está ligada ao comportamento daquele importante objeto que levou à descoberta da mecânica quântica, o *corpo negro*. No entanto, essa ideia de temperatura é suficiente para nós neste momento.

Na década de 1960, dois técnicos em antenas de micro-ondas tentavam calibrar um de seus aparelhos. Eram antenas muito sofisticadas, muito mais que uma simples antena de recepção que conhecemos. Descobriram que havia um *ruído de fundo* na forma de um resquício de radiação eletromagnética. Tal resquício tinha uma temperatura que correspondia aproximadamente ao valor dito acima. Foi assim que descobriram a *radiação cósmica de fundo*, corroborando a *teoria do Big Bang*, que viria também a ser conhecida como *teoria cosmológica standard*. Tal descoberta valeu a Penzias e Wilson o prêmio Nobel de física do ano de 1978.

Um segundo sucesso da *teoria cosmológica standard* é o cálculo da quantidade de hélio comparada com a de hidrogênio no universo, assim como as estimativas de matéria mais pesada. Mas, para isso, devemos compreender melhor a evolução do universo de acordo com a mecânica quântica, o que aqui faremos de um modo apenas qualitativo, para que os detalhes técnicos não acabem por borrar nossa compreensão mais que ajudá-la.

A interpretação de um universo com início, sem um tempo anterior a tal início, é por demais agostiniana.[2] No entanto, é assim que se interpreta a teoria do *Big Bang* na cosmologia de Friedmann–Lemaître–Robertson–Walker. E assim continuou e continua, se supusermos que a teoria de Einstein seja capaz de, sozinha, descrever todo o cosmos desde seu início, e sem uma mecânica quântica subjacente. Jamais se falou de algo antes do *Big Bang* depois da comprovação da radiação de fundo. Foi apenas na virada do milênio que possibilidades sérias de se tratar do problema do início e sua avaliação como consequência de uma teoria ainda mais fundamental que contivesse uma versão quantizada da gravitação vieram a aparecer.

7.1 O universo quântico e o *Big Bang*

É muito difícil explicar o início. As teorias modernas caminham nesta direção, mas ainda não há uma resposta final. Vamos começar por uma teoria onde o início significa uma fração de segundo já após a grande explosão.

---

[2] Santo Agostinho dissera que antes da criação do universo, o tempo não existia.

Figura 7.2 Aurelius Augustinus, Santo Agostinho, (* Thagaste, (atual Souk Ahras, Argélia), 354; † Hippo Regius (atual Annaba, Argélia), 430). Doutor da Igreja.

O que significa esta *fração de segundo*? Na verdade, a teoria da relatividade geral descreve o tempo, no início, de maneira um pouco diferente de como este *tempo* flui para nós. Em uma pequena fração de segundo, verdadeiras eras se passam, e precisamos de uma nova escala de tempo para descrever estas eras. Passamos a descrevê-las através dessas frações, ou seja, eras se passam quanto mais nos aproximamos do instante inicial. Começamos nossa descrição a 10^{-33} segundos após a explosão. Parece pequeno demais![3] No entanto, a noção de tempo acaba por ser um pouco diferente nesse início, e quanto mais nos aproximamos da origem dos tempos, mais fenômenos ocorrem em espaços de tempo cada vez menores.

A explosão inicial se inicia com um universo infinitamente quente. Tão quente era o universo, que a matéria, tal como a vemos hoje, não existia. A energia de cada partícula elementar era tão grande que cada uma delas interagia rapidamente com as outras, com tal troca de energia, que não mantinham sua identidade por muito tempo. As partículas elementares, ao interagirem, produzem quantidades grandes de outras partículas, como, por exemplo, os fótons, ou seja, energia eletromagnética. Os fótons, naquela época, também interagiam com grande frequência, de modo que eles não viajam por longas distâncias a sós, o que indica que imagens não são transmitidas por longas distâncias. Nessa chamada *Era da Radiação*, o universo era, portanto, opaco, como se uma espessa bruma cobrisse tudo. Essa era durou um tempo relativamente grande, cerca de 300.000 anos após a explosão inicial.

---

[3] 0,000 000 000 000 000 000 000 000 000 000 001 segundos!

Essa foi uma época crucial para a história do universo. De fato, houve, na ocasião, dois acontecimentos, quase concomitantes, que marcaram a transição para uma nova era. Um deles foi o fato que o universo deixou de ser opaco, pois os fótons, então já bastante frios, pouco energéticos, não podiam mais dar energia suficiente para excitar os átomos, e então já passavam incólumes pela matéria. Hoje, podemos observar a radiação cósmica de fundo dessa época, e uma das metas científicas da cosmologia é tentar descrever a evolução do universo por meio do conhecimento dessa radiação de fundo e suas inomogeneidades em tal época.

Outro acontecimento importante foi o fato de que a maior parte da energia solta pelo universo, que estava na forma de radiação, passou a estar, em sua maior parte, na forma de matéria inerte. Isso foi muito importante, pois a radiação *não para*, e dificilmente forma aglomerados, enquanto a matéria inerte mais facilmente se aglomera, formando objetos compactos, que algum dia formarão as galáxias, as estrelas, os planetas, e os seres vivos, como consequência.

Voltemos aos primeiríssimos instantes, aos 10^{-33} s de vida do Universo. Havia um caldo, uma sopa formada por partículas muito menores que as frações dos átomos hoje conhecidos. Havia muitos fenômenos hoje quase indecifráveis, possivelmente o próprio espaço-tempo tivesse uma caracterização diferente, e fosse multidimensional. Conforme passava o tempo, fenômenos misteriosos iam acontecendo. Uma tremenda aceleração do universo como um todo acontecera nessa época, o mundo aumentara de tamanho de maneira tremenda, fora a época da grande inflação, ou *período inflacionário*. Nessa época de grande crescimento, o universo *aplainou* sua quantidade de matéria, que acabou por tornar o valor chamado *crítico*, em que se dá a melhor condição para a formação de estruturas, de modo que o universo não se resfrie rápido demais, nem se contraia novamente. Não entraremos aqui na discussão deste fascinante fenômeno da história do universo.[4]

Os quarks, germes da matéria, conviviam com elétrons de carga positiva e de carga negativa, até que a interação elementar, universal, sentindo o descer da temperatura se congelou, os elétrons de carga positiva desapareceram, e formou-se um germe mais adequado para a matéria como a conhecemos, ou seja, formaram-se os quarks, que dariam origem aos prótons e aos nêutrons, e se formaram os elétrons. O processo de congelamento das interações chama-se *quebra espontânea de simetria*. Esse processo é a chave da compreensão da evolução do universo, explicando por que temos quatro interações elementares de intensidade diferente, ou seja, temos a gravidade que nos segura à Terra; a eletricidade e o magnetismo, que tão bem conhecemos; a interação fraca, que controla a emissão de luz do Sol; e a interação forte, responsável pelas forças nucleares, que juntam o núcleo atômico.

Mesmo após a formação da matéria, através dos prótons, nêutrons e elétrons, a temperatura era tão alta que de fato todos andavam tão rápido que pareciam ondas luminosas. Daí por diante, com a diminuição da temperatura, as interações

---

[4] Estamos nos referindo à inflação ou à época inflacionária.

O Universo em Expansão

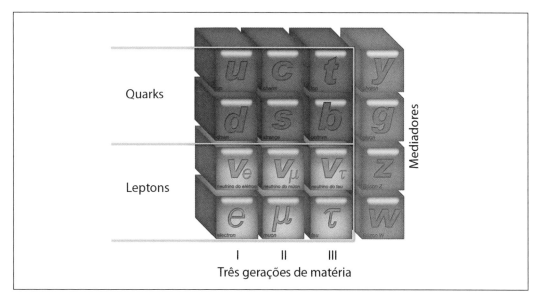

Figura 7.3 As partículas elementares, de acordo com o modelo padrão.

foram se formando. Quando os átomos se formaram, liberando a luz, e quando a quantidade de matéria se tornou mais importante que a quantidade de energia luminosa, passamos para a era moderna, chamada de *era dominada pela matéria*. Dessa forma, as estruturas passaram a se formar (os aglomerados gigantescos, as galáxias, as estrelas).

Entre as estrelas, apareceram também algumas muito grandes, que ao se resfriarem, não mais se podiam manter sob o peso de toda sua matéria. Então elas implodem. São as chamadas supernovas, explosões gigantescas no espaço. Se uma supernova explodir em um raio de alguns anos-luz, tudo é tomado pela energia delas. Esperamos que nos próximos milhões de anos nenhuma supernova exploda perto da Terra. Mas esses não são apenas objetos malignos, pois é delas que provém a matéria da qual somos formados.

No início do universo, havia preponderantemente hidrogênio. A interação do hidrogênio, que se fundia, produziu grandes quantidades de hélio. Outros materiais, como o lítio, foram também produzidos, mas os elementos mais pesados, por um milagre da natureza não o foram. Isso foi bom para a vida, pois se eles se formassem mais cedo, o universo teria se resfriado rápido demais, e não teria havido tempo de se formar a vida. Calcula-se que a quarta parte da matéria formada no início do universo seja gás hélio.[5] Os materiais pesados são formados nas estrelas supernovas.

A quantidade de hélio formada, calculada através do modelo padrão, concorda com os dados observacionais. Esse é um grande sucesso, tendo sido uma confir-

---

[5] Na superfície da Terra, o hélio é muito raro, pois escapa para o espaço exterior. Ele é encontrado aprisionado em minas.

mação direta do modelo padrão. Desse modo, compreendemos cada vez melhor os mecanismos por trás da evolução do universo.

7.2 Novos fatos e ideias

De modo geral, quando pensamos que tudo está explicado pela ciência, novos fatos acontecem. Ao final do século XIX, pensava-se que a física clássica contivesse a descrição de todos os fenômenos da natureza, com apenas pequenas imperfeições a serem devidamente explicadas. O que de fato sucedeu foi o advento de duas grandes revoluções teóricas, a mecânica quântica e a teoria da relatividade. Nos meados do século XX, pensava-se que as teorias de campos pudessem explicar toda a física, mas a teoria da gravitação permanecia recalcitrante. No final do século, dava-se grande peso ao modelo cosmológico padrão. Novamente, fatos novos sobrevieram.

Já na década de 1930 observou-se, olhando-se para objetos que circundavam as galáxias, que parecia haver bem mais matéria que aquela vista nas formas de estrelas ou gases interestelares. Seria um nova forma de matéria invisível, possivelmente como outras partículas, ou mesmo matéria usual simplesmente inobservável por telescópios. Foi chamada de *matéria escura*.

Comentada durante décadas, procurada, estudada, não foi encontrada explicitamente por muito tempo. Duvidou-se de sua existência, postularam-se explicações e novas partículas que a representassem. Porém, as anisotropias da radiação cósmica de fundo preveem que a densidade de massa total do universo tenha um certo valor, dito "crítico" (é o valor previsto pela teoria inflacionária, correspondente a um universo dito "plano"). No entanto, a massa observada na forma em que a conhecemos (ou seja, em grande maioria, bárions na forma de prótons e nêutrons) é de apenas três centésimos da massa crítica, aproximadamente.

Mesmo a matéria escura prevista nas galáxias corresponde a apenas dez vezes o valor observado na forma de bárions. Isso dá um total de 1/3 da massa do universo, portanto faltam dois terços! Onde está tal fatia? Quem escondeu tão grande pedaço, e como? E mesmo no que concerne à matéria escura comentada acima, onde ela está, e que forma possui?

Para responder a tais perguntas precisamos de outros dados sobre o universo. Supernovas de um determinado tipo (1A) têm um mecanismo conhecido de explosão. Quando elas aparecem no céu, sabemos qual foi a energia emitida por elas, assim como seu tamanho. Comparando com seu tamanho aparente, sabemos sua distância até nós. Além disso, a física, através do efeito doppler[6] nos dá a sua velo-

---

[6] O efeito doppler corresponde à mudança de frequência de uma onda emitida por uma fonte em movimento; um carro que se aproxima buzinando tem um som mais agudo que outros que se afastam buzinando.

cidade. É uma versão mais moderna e sofisticada das observações de Edwin Hubble. O resultado fascinante é que o universo está se expandindo aceleradamente!

Isso é um resultado completamente novo. Para apreciarmos sua importância, lembremo-nos que se jogarmos uma pedra para cima, ela *sempre* perde velocidade. Se jogarmos com velocidade suficientemente grande, como um foguete, tal qual aquele que levou a nave Pioneer ao espaço exterior, o objeto pode até não retornar, mas a partir da hora em que os motores param, a velocidade *sempre* começa a diminuir. Parece que no caso do universo isso não acontece, e mesmo na ausência de um motor, o universo se expande aceleradamente, o que parece um contrassenso!

Estes são fatos importantes que se começam a ver ao se proceder à análise de novos dados sobre o universo. Há, certamente, outros problemas que se colocam e cuja solução ainda está longe das teorias. Há também teorias a procura de dados que lhes deem sustentação. Os céus parecem nos trazer novidades a cada dia. Tendo impulsionado a pesquisa por tão longo tempo, desde a mitologia até fatos detalhados sobre nossa história pregressa, tendo penetrado no âmago do início, eles ainda nos trazem muita coisa, e parece haver ainda outras muito mais importantes a serem descobertas. Passemos agora a olhar, em detalhes, essa máquina cosmológica, que nos parece trazer novos aspectos do universo e suas causas a cada nova observação.

CAPÍTULO 8

A Visão do Século XXI

8.1 A ciência dos dias de hoje

As equações de Einstein podem ser resolvidas para certas situações físicas particulares da gravitação. No caso de planetas ou pequenas estrelas, o problema é facilmente resolvido e se obtêm as equações de Newton. Para grande concentrações de matéria, deve-se usar a solução de Schwarzschild, que descreve um buraco negro, o qual virá a ser de grande importância na compreensão da teoria da relatividade geral.

No caso da descrição cosmológica, deve-se levar em conta a equação de campo da matéria e sua distribuição. Nesse caso, Einstein postulou o princípio cosmológico: o universo é, em escala muito grande (escalas cosmológicas), homogêneo e isotrópico, ou seja, não há posições nem direções privilegiadas no cosmos. Como consequência, acham-se as soluções de Friedmann-Lemaître-Robertson-Walker, como veremos mais adiante.

Desse modo, pode-se supor que o universo seja formado por um fluido cósmico universal, homogêneo, dependente apenas do tempo. Esse fluido, hoje, seria formado pelas nuvens de galáxias espalhadas pelo espaço. A densidade de energia $\rho(t)$ só depende do tempo, sendo isotrópica e homogênea.[1] Também

---

[1] Isotrópica significa que é a mesma em todas as direções. Homogênea significa que é igual em toda parte.

importante é a pressão $p(t)$, também homogênea em todo o espaço. Resolvidas as equações de Einstein, o mundo é descrito por uma métrica, ou seja, por uma régua universal cujo tamanho se modifica de um lugar para outro e de um instante para outro.[2] De modo geral, temos uma régua e um relógio, correlacionados, que se deformam conforme mudamos de posição.

A métrica cosmológica encontrada na solução de Friedmann-Lemaître-Robertson-Walker caracteriza um universo dinâmico, primeiramente em expansão, e depois em contração ou expansão até o infinito. É uma métrica que, misturando de modo simples a medida do tempo com a régua, nos dá um relógio muito simples e uma régua que varia com o tempo cosmológico.

Einstein havia julgado essas soluções como errôneas, propondo modificações para sua teoria. Tomemos um certo fôlego para a interpretação dos resultados. A métrica $g_{\mu\nu}$ representa a geometria intrínseca do espaço-tempo. Ela é a medida de distância, e num espaço plano em três dimensões, ela representa nada menos que o teorema de Pitágoras, para se achar a diagonal de um paralelepípedo de arestas dx, dy e dz, ou seja, $ds^2 = dx^2 + dy^2 + dz^2$. Incluindo-se o tempo num espaço sem gravitação, temos a geometria de Minkowski da relatividade especial, ou seja[3]

$$ds^2 = -c^2dt^2 + dx^2 + dy^2 + dz^2,$$

do mesmo modo como (ver Figura 8.1) o comprimento é uma medida intrínseca de distância, essa expressão nos informa que o passar do tempo faz parte de um universo de 4 dimensões!

No caso Friedmann-Lemaître-Robertson-Walker, temos ainda uma função dependente do tempo, $R(t)$, que, se aumentando ou diminuindo, aumenta ou diminui o valor das distâncias. Nesse caso, o equivalente do Teorema de Pitágoras fica sendo

$$ds^2 = -c^2dt^2 + R(t)^2[dx^2 + dy^2 + dz^2],$$
$$= -c^2dt^2 + R(t)^2[dr^2 + r^2d\Omega^2]$$

onde, na linha inferior, mudamos ligeiramente a forma de escrever o Teorema de Pitágoras, colocando-o em termos de variáveis mais apropriadas, cujo detalhe não nos interessa no momento. A função $R(t)$ faz o papel de uma "régua elástica": se R aumenta, as distâncias ficam maiores. É o que acontece com o passar do tempo em nosso universo. O fato é que podemos ainda ter uma solução mais geral, com uma constante k que torna os valores 0, + 1, ou −1, da forma

---

[2] De acordo com o princípio cosmológico, nós vivemos em um espaço que é, para escalas muito grandes, homogêneo, de modo que o tamanho das réguas e o passo do relógio só mudam com o tempo, e não com a posição. Há espaços em que isso não é verdade, e de fato, se levarmos em conta as proximidades com a matéria na forma de galáxias, a dependência na variável espacial pode ser observada, tal como foi feito com relógios dentro de aviões em viagem ao redor da Terra.

[3] Note-se o sinal negativo no termo temporal assim como a presença da velocidade da luz c.

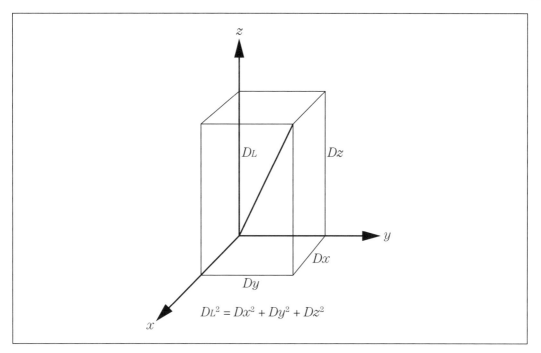

Figura 8.1 Diagonal de um paralelepípedo, segundo o Teorema de Pitágoras.

$$ds^2 = -c^2dt^2 + R(t)^2 \left[\frac{dr^2}{1 - kr^2} + r^2 d\Omega^2 \right]$$

O valor de k determina o tipo de universo obtido. Quando $k = 1$, o universo é dito fechado. Nesse caso, $R(t)$ aumenta até um valor máximo, voltando, posteriormente, a diminuir (ver Figura 8.2). Nesse caso, o universo se inicia a alta temperatura e densidade, expande-se até um máximo, depois volta a se encolher até seu desaparecimento, numa implosão final. Para $k = -1$, a expansão é eterna. O que diferencia um caso de outro é a densidade de matéria média no universo. Há um valor crítico para a mesma, $\rho = \rho_{crit}$, acima do qual o universo é fechado, ou seja, a atração gravitacional é mais forte que a expansão; enquanto para a densidade média menor que a densidade crítica a expansão é eterna. O caso $\rho = \rho_{crit}$ corresponde a $k = 0$, e o universo é dito plano. As Figuras 8.2 e 8.3 ilustram esses fatos.

Se tivermos a equação de estado da matéria, ou seja, se caracterizarmos bem as propriedades físicas da matéria, poderemos obter soluções explícitas. De modo geral, podemos descrever matéria inerte, como hoje, ou radiação pura, como há 14 bilhões de anos.

O resultado das equações de Einstein mostra que a *régua universal* depende do tempo, aumentando sempre, segundo certos modelos cosmológicos. A *régua* depende também da constante de Hubble que fixa a escala de tempo e a idade do universo. A *régua* é exatamente a função $R(t)$ apresentada acima.

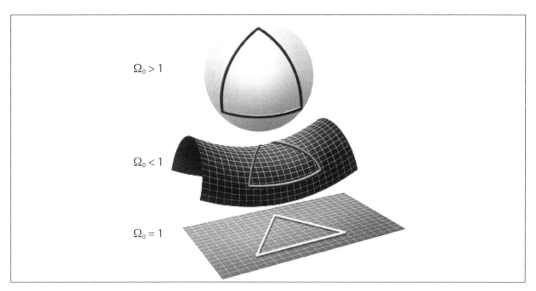

Figura 8.2 Configuração dos universos aberto e fechado. Quando $\Omega_0 > 1$, temos a constante $k = +1$. $\Omega_0 < 1$ corresponde a $k = -1$ e $\Omega_0 = 1$ a $k = 0$.

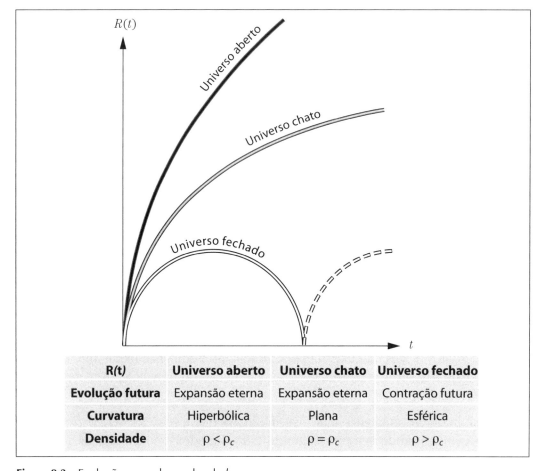

Figura 8.3 Evolução segundo o valor de k.

O diagrama mostrando a evolução de $R(t)$, que nos diz o tamanho da régua para os três casos possíveis de evolução, é dado pela Figura 8.3.

Os dados observacionais originais, obtidos pelo astrônomo Edwin Hubble, mostram o universo em expansão e estão na Figura 8.4. Através dos dados obtidos das linhas espectrais de corpos celestes, pode-se observar a sua velocidade, por meio do chamado efeito *doppler*. O efeito *doppler* é muito simples. Quando nos aproximamos de uma onda, ela vem até nós com maior frequência. Se nos afastamos dela, a frequência é menor. Se ouvirmos a buzina de um carro na estrada, quando ele se aproxima, o som é mais agudo do que quando ele se afasta. Assim, supondo que a física na Terra seja a mesma que impera no espaço,[4] conhecemos a frequência de uma onda que sai de uma estrela. Quando observamos uma frequência, usamos o efeito *doppler* para calcular a velocidade do objeto que emite a onda correspondente. Hubble fez um diagrama das velocidades assim calculadas como função da distância de tais corpos celestes em relação a nós, obtendo uma relação aproximadamente linear. A constante de Hubble corresponde à constante de proporcionalidade entre a velocidade e a distância. O valor correspondente a H obtido por Hubble foi $H = 500$ km/s Mpc. Esse valor é cerca de sete vezes maior que o valor correto, hoje conhecido. Mas, de fato, foi uma descoberta histórica, pois descortina a possibilidade da grande explosão inicial.

Supondo-se que o universo tenha tido um início e que tenha se expandido desde então, o tempo passado até hoje, que corresponde à idade do universo, equivale a $T \approx H^{-1} \approx 2$ bilhões de anos para o valor observado por Hubble.

Esta idade é ainda menor que a própria idade da terra, 5 bilhões de anos. O valor correto de H_0 pode ser obtido do diagrama apresentado na Figura 8.5 que indica valores da ordem de $H \approx 75$ km/s Mpc, de modo que a idade do universo é cerca de 14 bilhões de anos, como consequência desses dados. Assim, Hubble obteve um resultado qualitativamente correto, apesar de ter tido valores ainda longe da realidade.

Há várias questões atuais nesse contexto. As escalas de distância são grandes demais para que possam ser observadas diretamente. Isso é apenas um pequeno detalhe do grande problema observacional em astronomia, mas que tem óbvias consequências em relações como a de Hubble, indicando a dificuldade em se obter informação sobre um parâmetro tão importante quanto H, que determina a idade do universo. Além disso, há a questão sobre se o universo está se acelerando ou desacelerando, se é fechado ou aberto.

---

[4] Em geral, não se dá a devida importância a esta hipótese. As leis da mecânica quântica, por exemplo, mostram-se válidas de escalas minúsculas (na fronteira com o mundo quântico) até as maiores escalar possíveis (limite do universo conhecido). É um fato fantástico, do qual depende nossa compreensão do cosmos.

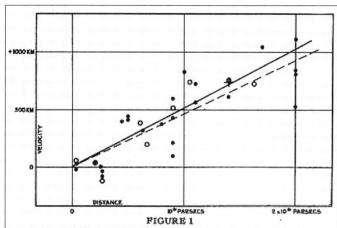

Figura 8.4 Dados originais de Hubble, [15]. O gráfico representa a velocidade em km/s como função da distância em parsecs.

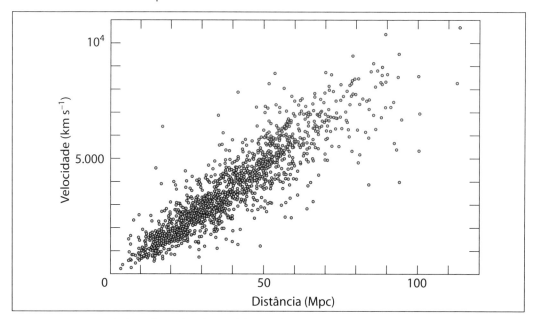

Figura 8.5 Novos dados sobre a lei de Hubble, conforme [16]. Um total de 1.355 galáxias estão representadas no gráfico. A dispersão deve-se a incertezas observacionais e a movimentos aleatórios das galáxias. Os dados, porém, são bem descritos por uma linha reta. Os melhores resultados atuais foram conseguidos com dados obtidos pelo telescópio Hubble da Nasa, fornecendo-nos o valor mais preciso da história para a constante de Hubble, $H_0 = 74{,}2 \pm 3{,}6 \; \frac{km}{s \, Mpc}$. 1 Mpc é um milhão de parsecs. 1 parsec $\approx$ 3,26 anos luz.

As observações indicam que a densidade do universo é muito próxima da densidade crítica, ou seja, $\Omega = \rho/\rho_{crit} \approx 1$, que é a relação entre a densidade da matéria observada no universo e um valor crítico. Esse valor próximo do valor crítico constitui um grande problema de interpretação, como veremos adiante, já que esse valor crítico é instável. Além disso, uma aceleração ou desaceleração do universo pode ser um indício de uma constante cosmológica ou energia escura, o que pode mudar sobremaneira nossa visão de mundo.

8.2 O modelo cosmológico padrão

Conforme mencionamos, seguindo-se a evolução cósmica para trás no tempo, chegaremos a um ponto inicial de temperaturas altíssimas, onde a teoria quântica relativística terá sido essencial para a descrição do mundo. Vários elementos serão necessários para uma descrição teórica competente de tal evolução, assim como para que se confirmem observacionalmente os fatos.

Foi observado um resquício importante da explosão inicial que perdura até os dias presentes, e continuará nos céus para sempre. O fato é que uma grande explosão e sua consequente evolução produz uma grande quantidade de radiação. No início, tal radiação esteve em equilíbrio com a matéria, já que pares de partículas e antipartículas estariam se aniquilando, produzindo fótons – radiação eletromagnética –, ao mesmo tempo em que fótons altamente energéticos teriam voltado a interagir na reação inversa, produzindo pares, como na reação já vista anteriormente. Quando a energia diminui aquém da energia mínima necessária para que os fótons possam interagir com a matéria, os fótons – ou seja, a radiação eletromagnética – desacoplam-se –, ou seja, separam-se do restante, praticamente não interagindo mais com a matéria, e passam a existir isoladamente. Radiação em um dado espaço vazio é um problema conhecido como radiação de corpo negro, e foi o objeto estudado por Planck na descoberta inicial que levou à mecânica quântica. Para uma dada temperatura, a distribuição de energia, em termos da frequência ν, obedece à chamada distribuição de Planck, que é caracterizada por uma temperatura absoluta T. A distribuição observada, obtida teoricamente por Planck, está na Figura 8.6.

Arno Penzias e Robert Wilson testavam antenas muito sensíveis na década de 1960. Ao tentar calibrar as antenas, eles verificaram a existência de um ruído de fundo em todas as direções. Eles estavam, acidentalmente, medindo os resquícios da *grande explosão*, os *sussurros cosmológicos*. Observaram a existência de uma radiação de fundo em todo o céu, que obedece à distribuição de Planck, com um parâmetro de temperatura T tendo um valor de aproximadamente 3 K.[5] Essa descoberta foi fundamental para que se pudesse confirmar experimentalmente

---

[5] Na escala Celsius, isto equivale a 370 graus negativos, aproximadamente. São apenas três graus acima do zero absoluto.

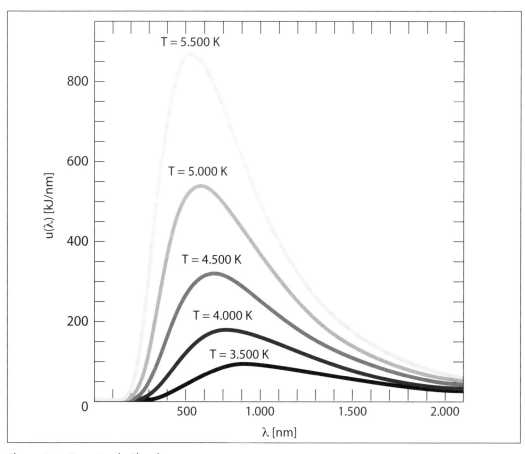

Figura 8.6 Espectro de Planck.

(observacionalmente) a teoria do *Big Bang*, ou da *Grande Explosão*. A radiação aqui descrita é chamada de radiação cósmica de fundo. Hoje, mapas da radiação cósmica de fundo são feitos com extremo detalhe, e se supõe que as pequenas diferenças nas várias regiões sejam responsáveis pelas estruturas que se formaram do universo, já que a radiação de fundo é um resquício deixado há 14 bilhões de anos, ou seja, desde antes da formação de qualquer estrutura no horizonte conhecido. Passamos a ouvir os *sussurros cosmológicos*. É muito digno de nota que[6] as diferenças de temperatura entre os vários pontos do universo são menores que uma fração de aproximadamente 10^{-5} em relação à temperatura média (uma parte em cem mil). O fato de essa diferença ser tão diminuta aponta para mais uma forte razão para o que será a teoria inflacionária. Na Figura 8.7 vemos os dados obtidos a partir das observações do satélite pioneiro COBE, hoje melhorados pelo satélite WMAP. No futuro próximo, o projeto PLANCK melhorará ainda mais as previsões.

---

[6] A rigor, devemos retirar a contribuição de movimento da Terra e a emissão de radiação da galáxia. Tais detalhes técnicos são sempre devidamente levados em conta.

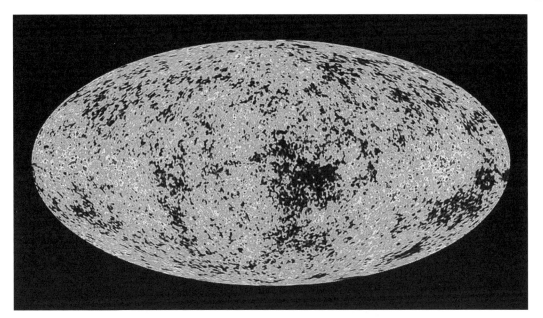

Figura 8.7 Mapa de flutuações da radiação cósmica de fundo criado a partir dos dados obtidos pelos satélites COBE e WMAP. (NASA).

É importante notar que a evolução do universo pode ser caracterizada por sua temperatura: ela decresce inexoravelmente com o fluir do tempo, sendo infinitamente alta no *Big Bang*. Como já dissemos, a temperatura da radiação de fundo é hoje de quase 3 K, mas na época em que desacoplou da matéria, era de 5.000 K.

Podemos agora descrever a evolução cósmica. É certo que tal evolução teve diferentes fases. Hoje, há muita matéria que não faz qualquer pressão. Assim, há uma densidade de matéria inerte com pressão zero: estamos no chamado domínio da matéria, e a física é descrita pelas quatro interações fundamentais: as interações forte, eletromagnética, fraca e gravitacional. As partículas elementares que compõem o universo, apesar de parecerem estar presentes em grande número, são de fato compostas de poucos elementos primordiais – quarks, léptons e seus respectivos antiquarks e antiléptons, além dos carregadores de força – os fótons e suas *generalizações não abelianas*, os mediadores das outras interações, que vimos no contexto das teorias unificadas das partículas elementares. Além disso, há mais algumas partículas teoricamente previstas para dar consistência à teoria.

Uma pergunta aparentemente sem conexão com a evolução do universo será a chave da compreensão cósmica: por que as diferentes interações têm forças diferentes, e por que de fato há um certo número de interações? Ou ainda: haverá uma teoria unificada das interações? Como tal teoria estaria relacionada com as diversas interações elementares?

A resposta está na dependência das interações com a energia efetiva e com a temperatura e no processo chamado de quebra espontânea de simetria. A quebra

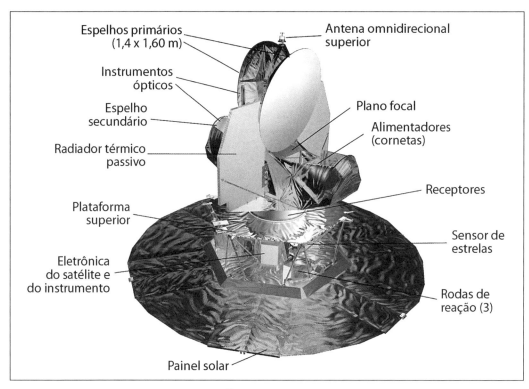

Figura 8.8 Sonda espacial WMAP. (NASA)[7]

de simetria é um processo simples, como acontece quando uma interação elementar é descrita por um potencial com simetria por rotação, tal como no exemplo da Figura 8.9.

Se escolhermos um desses pontos como origem, na direção radial haverá uma inércia para se deslocar uma partícula no fundo do poço, mas na direção do mínimo não há; portanto, dizemos que há uma partícula de massa zero. O ponto fundamental na quebra de simetrias em partículas elementares é que o fóton devora a partícula sem massa e engorda! Este é o chamado fenômeno de Higgs, e, em consequência dele, certos fótons ganham massa e sua interação fica fraca, ao contrário do eletromagnetismo e da interação nuclear forte. No entanto, quando as partículas estão num plasma de alta temperatura, os detalhes do potencial não são mais tão importantes, e o fenômeno de Higgs não se processa! Assim, quanto mais alta a temperatura mais simétricas serão as interações – elas tendem a se igualar em magnitude.

Este fenômeno pode ser revisto e reestudado em termos da teoria de campos das três interações elementares – fraca, eletromagnética e forte, tais como descritas pelo respectivo grupo de simetria, $SU(3) \times SU(2) \times U(1)$. As respectivas forças

---

[7] Agradecemos ao professor Thyrso Villela Neto pela revisão da figura.

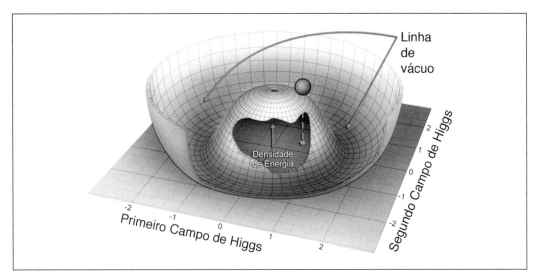

Figura 8.9 Diagrama com potencial tipo chapéu mexicano, onde a quebra de simetria se dá para uma simetria de rotação contínua, criando a possibilidade de geração de massa através do fenômeno de Higgs.

de interação vão se tornando próximas com o aumento da energia. As interações fraca e eletromagnética tornam-se uma só ao nível de energia de aproximadamente 100 GeV.[8] Após isso, elas se juntam à interação forte, numa única interação elementar unificada a uma energia de aproximadamente 10^{15} GeV,[9] portanto já macroscopicamente relevante, algo gigantesco para uma partícula elementar. Os aceleradores existentes só chegam hoje a algumas centenas de GeV, chegando ao milhar de GeV (1 TeV) nesta geração de aceleradores, inaugurada com o acelerador Large Hadron Collider (LHC), ou o Grande Colisor de Hadrons, em Genebra, Suíça. A possibilidade de uma experiência direta nessa energia de unificação só será possível com técnicas inteiramente novas, indisponíveis nos dias de hoje.

8.3 A evolução do universo

No início do universo, com altas temperaturas, fora possível o fenômeno da restauração de simetria, de modo que outras fases do universo passaram a existir, com cada vez maior simetria, quanto mais alta fosse a temperatura.

Dessa maneira, é possível fazer um paralelo entre a história cósmica e a descrição das interações elementares como função de energia de interação da temperatura e também do tempo cosmológico. A história detalhada do universo, também

---

[8] 1 GeV = 10^9 eV = $1,6 \times 10^{-3}$ erg.

[9] 1.000.000.000.000.000 GeV. Isto corresponde a cerca de 40.000 calorias, suficientes para ferver cem gramas de água! Para uma partícula elementar, esta quantidade é gigante!

chamada de história térmica do Universo, já que a temperatura do universo é uma função monotonicamente decrescente do tempo, foi e tem sido objeto de estudos em cosmologia, assim como em teorias de campos. Os detalhes de tal história, desde a quebra da simetria eletrofraca, são razoavelmente conhecidos e confirmados em aceleradores de partículas elementares. Até energias correspondentes à teoria unificada das três interações, excluída a gravitação, tem-se um conhecimento razoável da evolução do universo, com base em hipóteses teóricas bem fundamentadas.

Aquém desse ponto, a questão é bem mais complexa, envolvendo o universo inflacionário e, posteriormente, uma teoria quântica da gravitação, unificada com as outras interações. São problemas profundos, enraizados na própria origem de todo o universo, cuja solução poderia explicar não apenas nosso universo, mas também prever dimensões extraordinárias, partículas supersimétricas, novas propriedades físicas e até mesmo novos universos. Uma versão simplificada da história térmica é dada pela sequência abaixo [17], na qual o tempo, em segundos, é aquele decorrido desde a grande explosão. A seguir, temos os níveis correspondentes de energia.

Quadro 8.1 História térmica do universo		
10^{-44} s	Gravitação quântica. A energia típica é da ordem de	10^{16} GeV
10^{-36} s	Época inflacionária. O Universo se expande extraordinariamente, multiplicando seu tamanho por um fator de mais de 10^{30} = 1.000.000.000.000.000.000.000.000.000.000. A energia ainda é extraordináriamente alta.	10^{16} GeV
10^{-34} s	Origem da matéria	10^{15} GeV
10^{-12} s	Transição eletrofraca	10^2 GeV
10^{-6} s	Transição quark-hádron	1 GeV
10^{-6} s	Matéria nuclear	1 Gev
1 s	Nucleossíntese	1 MeV
10^{12} s	Matéria atômica	10 eV
10^{13} s	Desacoplamento matéria-energia	1 eV
10^{16} s	Formação galática	10^{-2} eV
10^{17} s	Formação do sistema solar	10^{-3} eV

Um ano corresponde a $3{,}15 \times 10^7$ s, e 1 eV corresponde a uma temperatura de 5.000 K, praticamente o mesmo em graus Celsius.

Pode-se observar ainda que, nos primeiros instantes, a evolução temporal, medida através de nosso presente parâmetro tempo, tem uma evolução cada vez mais rápida, quanto mais nos aproximamos do instante inicial.

Os primeiros momentos (correspondentes a uma diminuta mas importante fração de segundo, ou seja, 0,000 000 000 000 000 000 000 000 000 000 000 000 000 01 seg) são incógnitos, correspondendo à época de gravitação quântica, na qual, presumivelmente, haveria supercordas como elementos físicos relevantes, e a dimensão do espaço-tempo deveria ser dez (nove dimensões de espaço e uma tempo), para que fossem descritas corretamente as supercordas, ou eventualmente onze, no caso de uma *teoria-mãe* ou *teoria-mestra*, recentemente cogitada.

A matéria passou a existir aos 10^{-34} s segundos, quando a teoria unificada se dividiu em interação forte e interação eletrofraca. Antes disso, os bárions podiam decair, o que seria equivalente a dizer que os prótons, ou a matéria normal, não são estáveis. Sinais experimentais de tal decaimento estão sendo procurados, mas ainda não há confirmação. Em todo caso, há uma evidência indireta de que a teoria está correta. Afinal, se não houvesse esse congelamento da quantidade de prótons, o universo teria regiões com matéria hadrônica e outras com antimatéria, devendo haver regiões limítrofes com forte emissão de energia devida ao aniquilamento entre matéria e antimatéria. Ao invés disso, a quebra de simetria das interações possibilita que tenhamos hoje um próton para cada 10 bilhões de fótons.[10]

A matéria atômica, tal como a conhecemos hoje, só se formou bem após o início (cerca de 30 mil anos após o *Big Bang*), mas a matéria desacoplou-se da energia radiante apenas 300 mil anos após o *Big Bang*. Foi só então que a luz passou a poder viajar longas distâncias, sem se espalhar pela matéria, e o universo, antes opaco devido às frequentes interações entre os fótons viajantes e a matéria, ficou transparente. Desse modo, só podemos observar o universo posteriormente ao tempo em que os fótons passaram a se mover livremente. Antes disso, eles eram *capturados* antes de chegarem aos nossos olhos, de modo que não podemos enxergar nada antes do tempo $t_\ell \approx 10^{13}$ s $\approx$ 300.000 anos, o tempo da liberação dos fótons.

Do ponto de vista observacional, a melhor confirmação do modelo, após a radiação cósmica de fundo, é a abundância de Hélio observada no universo. Tal abundância é prevista como consequência de sucessivas reações de captura de nêutrons, começando por

$$n + p \longrightarrow d + \lambda,$$

ou seja, um nêutron n choca-se com um próton p, dando origem ao deutério d e radiação eletromagnética, ou fóton, γ, dando início a reações mais complicadas.

Como resultado, obtém-se a previsão de que a quantidade de hélio como fração da matéria bariônica no universo deve ser de aproximadamente 25%, o que é plenamente confirmado pelos dados observacionais.

---

[10] Naquela época, 10^{-34} s após o *Big Bang*, formaram-se na verdade os *quarks,* precursores dos prótons e nêutrons.

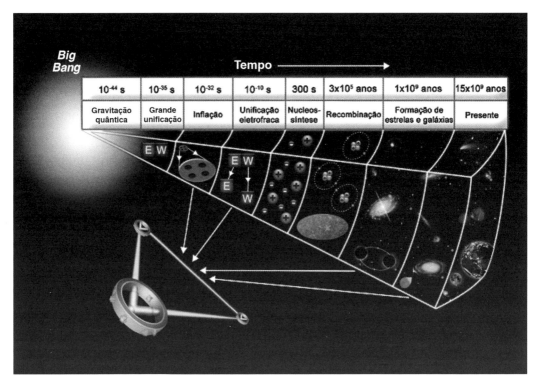

Figura 8.10 Linha de tempo desde o *Big Bang*.

Alguns problemas ainda permanecem, todavia, sem solução. O primeiro é o problema da extrema isotropia observada no universo, ou seja, a radiação de fundo em qualquer direção do espaço é, na prática, idêntica, a diferença sendo de uma parte em cem mil após retirar-se o efeito do movimento da Terra em relação à radiação cósmica de fundo. Isto é visto na Figura 8.7.

O segundo problema refere-se ao fato de o valor da chamada densidade de matéria no universo ser tão próximo da densidade crítica. Em geral, definimos $\Omega = \rho/\rho_{crit}$. O valor $\Omega = 1$, ou seja, quando a densidade do universo for igual à densidade *crítica*, é muito instável. Esse valor de Ω, perto de 1 hoje, deve corresponder, no início dos tempos, a um valor enormemente mais próximo de 1. Seria como manter uma esfera equilibrada sobre a ponta de uma agulha. Tal fato dificilmente ocorreria por mero acaso.

Um terceiro problema é o fato de não haver monopolos magnéticos (cargas magnéticas) no universo. A teoria os prevê, mas eles nunca foram encontrados.

Esses e alguns outros problemas são resolvidos pelo processo chamado de inflação. Segundo tal processo, teria havido no princípio uma expansão exponencial do fator de escala do universo. Em termos mais simples, o universo se expandiu enormemente.[11]

---

[11] Por um fator de pelo menos 10^{30} = 1.000.000.000.000.000.000.000.000.000.000.

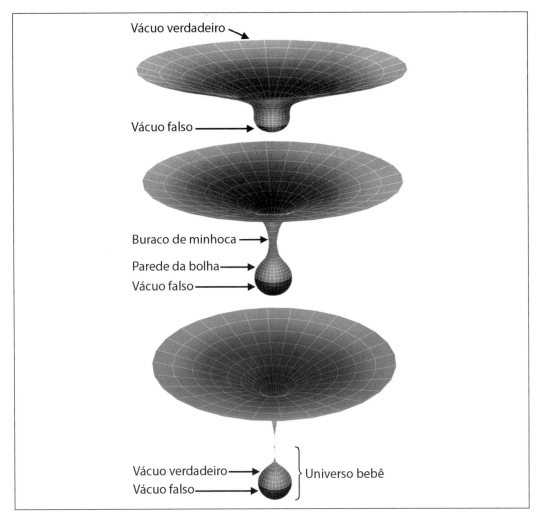

Figura 8.11 A criação de novos universos.

Com o crescimento alucinante do universo, ficamos em um espaço relativamente homogêneo, que estava em conexão causal no início dos tempos. A densidade de matéria deve se manter igual à densidade crítica, e outros monopolos estariam fora do horizonte conhecido. São resolvidos, portanto, os maiores problemas do modelo padrão. Abrem-se ao mesmo tempo outras possibilidades, como, por exemplo, a criação de novos universos (ver Figura 8.11).

O último degrau nesta sequência será a compreensão de uma teoria quântica da gravitação, que lance luz na estrutura última do espaço-tempo.

8.4 A mecânica quântica e a cosmologia

Toda a descrição feita até o momento pressupõe uma natureza clássica relativística para a gravitação, ou seja, não há modificações de princípios na mecânica clássica, além dos ajustes usuais advindos da teoria da relatividade.

A necessidade de quantização advém de vários pontos na descrição do universo. O principal deles é o fato de que uma teoria do tipo *Big Bang*, em que o universo emerge de um plasma cosmológico de temperatura altíssima, requer a descrição de um fluido cuja energia média por partícula constituinte (ou seja, a temperatura) é muito alta. Assim, a interação se dá no âmago da matéria e requer uma descrição eminentemente quântica.

A mecânica quântica é uma teoria linear, com uma interpretação não linear, na qual, para todos os efeitos práticos, supõe-se que haja um limite clássico macroscópico que constitui o instrumento de medida do fenômeno quântico. Desse modo, a descrição mais simples do fenômeno quântico se dá através de uma medida clássica, que é o que chamamos acima de interpretação não linear.

No entanto, tal interpretação passa a ser problemática no caso do universo. Afinal, para um observador interno ao Universo, pode-se perguntar o que é a sua função de onda, já que não há limite clássico, ou seja, não há uma medida clássica externa ao objeto quântico em questão, no caso, o cosmo universal. Poderíamos perguntar: existe o universo quando fechamos os olhos? Mas se fecharmos os olhos e o universo não existir, então, há olhos? Tais perguntas são inerentes à interpretação da mecânica quântica com relação à medida clássica. O fato é que o problema da medida é resolvido, de modo prático, colocando-se o observador num mundo clássico, o mais longe possível do fenômeno quântico a ser estudado. Em outras palavras, o observador é externo ao mundo quântico em estudo, o que faz sentido quando estudamos fenômenos da escala do microscópico.

Por outro lado, nós, como observadores, fazemos parte do universo e a dicotomia entre observador e observado desaparece completamente ao estudarmos o universo como um todo, fazendo com que o observador faça parte do fenômeno, ou seja, o experimentador é parte intrínseca da experiência. Assim, não mais se define a parte clássica do aparelho de medida.

Tal contexto faz de uma teoria quântica da gravitação algo muito difícil para ser estudado. No entanto, estes não são os únicos problemas a serem apresentados. A evolução relativística da mecânica quântica, ou seja, a teoria quântica relativística apresenta novas e grandes dificuldades. A primeira descrição quântica relativística correta de uma partícula foi feita por Dirac. Ele modificou a equação de Schrödinger de modo que ela pudesse descrever o *spin* do elétron e satisfazer a relação relativística entre energia e momento. A primeira consequência importante da equação de Dirac foi o fato de haver estados de energia negativa, havendo um número infinito deles, que não podiam ser compreendidos pela teoria padrão. Dirac reinterpretou os estados de energia negativa em termos de uma antimatéria, de tal modo que um estado de elétron e um estado de pósitron – o antielétron (ou equivalentemente um estado disponível de energia negativa), na presença um do outro, desapareceriam, deixando para traz energia pura. Do mesmo modo, energia pura em quantidade suficiente pode gerar matéria na forma de pares elétron-pósitron, no processo acima visto no sentido inverso. Na teoria quântica, uma energia infinitesimal é uma quantidade com indefinição $\Delta E \sim \hbar/\Delta t$ devido à relação de incerteza para pequenos intervalos de tempo Δt. Devido a essa indefinição, é possível haver energia suficiente para formar pares, como na reação entre um pósitron e um elétron resultando em dois fótons

$$e^+ + e^- \longleftrightarrow 2\gamma,$$

que nos mostra que os fótons, aqui denotados por γ, podem se converter em um par elétron (e^-) e pósitron (e^+) e vice-versa. Isto faz com que a teoria quântica relativística seja uma teoria de muitos corpos. Daí o advento da teoria de campo quantizado, ou Teoria Quântica de Campos.

No entanto, firmemos nosso objetivo em direção à ciência moderna. O espírito investigativo do homem levou-nos a trilhas sinuosas e confusas, com surpresas a cada esquina. O início do século passado marcou a história da humanidade pelo surgimento dos dois pilares do conhecimento moderno. A relatividade de Einstein e a mecânica quântica revolucionaram a maneira com que percebemos o universo e nosso papel na teia viva da criação. Toda a complexidade que vemos no mundo pode surgir do acaso, conforme previsto pela teoria quântica, enquanto nas escalas astronômicas, a própria evolução do universo pode ser descrita a partir de condições iniciais, utilizando-se a relatividade de Einstein.

Do casamento da relatividade especial com a mecânica quântica nasceu a teoria quântica de Campos que, quando aplicada aos fenômenos eletromagnéticos – a Eletrodinâmica Quântica –, provou-se a mais bem-sucedida das teorias físicas, explicando a espectroscopia atômica numa precisão de uma parte em dez bilhões! E foi o seu sucesso em descrever, de forma unificada, pelo menos em parte, as três interações fundamentais das partículas elementares – força eletromagnética, força fraca e força nuclear forte – o que nos inspirou na busca pela compreensão da gravitação – a quarta força – nesse mesmo formalismo. Ao concebermos toda a natureza em uma única teoria, buscamos a beleza.

8.5 Matéria escura e energia escura

O universo ou a natureza são maravilhas que nos enchem os olhos de novidades a cada instante. Vimos que o conteúdo de matéria do universo não parece ser aquele que observamos sob a forma de matéria usual, a matéria hadrônica que compõe os núcleos dos átomos que conhecemos.

138 *Cosmologia*

Parece haver muito mais sob uma forma desconhecida que não interage com a radiação eletromagnética (luz), mas que é presente dez vezes mais que a matéria comum no universo.

Sua observação foi, primeiramente, bastante indireta. Se olharmos para objetos que se movem nas beiradas das galáxias e examinarmos seus respectivos movimentos, poderemos inferir a massa total da galáxia atratora. O resultado é que a massa da galáxia obtida por esse método é dez vezes maior que o valor observado diretamente pelos astrônomos. Como a massa observada pelos astrônomos é de apenas 3% do valor dito *crítico*, supôs-se, desde há muito tempo, haver uma componente do próprio universo que preenchesse esse vazio. Pensava-se que isso fosse feito por uma partícula como o neutrino ou outra desconhecida. No entanto, cada hipótese foi sucessivamente refutada por uma ou outra razão, e o problema permaneceu em aberto durante muitos anos. Assim, não se sabia ao certo a quantidade ou origem dessa parte misteriosa do universo, havendo dúvidas até mesmo sobre sua existência.

No entanto, mais recentemente, foi possível examinar com detalhes o movimento de objetos astrofísicos peculiares: as supernovas tipo 1A. Supernovas são estrelas muito pesadas, que consomem toda sua energia nuclear e não aguentam seu próprio peso. Enquanto houver combustível nuclear sendo queimado, a estrela produz energia e consegue, através da pressão da radiação, manter sua estrutura em pé. Mas quando o combustível míngua, ela passa por um processo onde suas estruturas desabam. Ela explode expelindo quantidades formidáveis de energia e termina apagando. As supernovas 1A são de um tipo bem estudado e se sabe com detalhe o processo de explosão, podendo, portanto, saber-se sua luminosidade. Assim, da observação desses objetos sabe-se sua distância e velocidade. Foi com enorme surpresa que se encontrou, através dessas medidas, que o universo não apenas se expande, mas o faz aceleradamente!

Façamos aqui uma digressão sobre a interpretação física da situação. Se o herói Hércules jogar uma pedra com muita força para o espaço, ela pode subir e voltar a cair se a velocidade for menor que a velocidade de escape da Terra. A velocidade de escape de um planeta é proporcional à raiz quadrada da massa e inversamente proporcional ao raio do planeta.[12] Assim, se Hércules jogar a pedra com velocidade maior que a velocidade de escape, ela jamais retorna. Do mesmo modo, para uma dada velocidade imprimida à pedra, se a massa do planeta for pequena, ela não retorna, se a massa for grande, ela retorna. Suponhamos que Hércules possa jogar a pedra a 100 km/s. Ela retorna à Terra. Mas se ele a lançar de Marte, que é mais leve, a pedra não retorna. Suponhamos que Hércules treine e consiga lançar a pedra a 130 km/s. Ela não retorna à Terra. Mas se ele a jogar de Júpiter, ela retorna ao planeta. No entanto, em *qualquer* dos casos, a massa sai do chão e sua velocidade vai aos poucos diminuindo pela força de atração gravitacional, ela jamais se acelera para fora.

---

[12] A velocidade de escape da Terra é de 110 km/s.

A Visão do Século XXI

Do mesmo modo, espera-se que o universo esteja desacelerado, apesar da expansão levar ao afastamento. O fato de haver aceleração indica que deve haver alguma lei nova, algo muito diferente. Na gravitação de Einstein, quem provê a força da gravitação não é apenas a massa, mas a massa em conjunto com a pressão exercida pela massa. Para a matéria inerte usual (como em um planeta) isso não faz diferença, pois a pressão é praticamente inexistente. O que necessitamos, para explicar a aceleração, é que o conteúdo de matéria no universo contenha uma parte que seja um gás com pressão negativa! Uma outra possibilidade é a velha constante cosmológica de Einstein. Estes objetos existem? São questões muito difíceis de serem respondidas. Há uma série de observações sendo planejadas para serem efetuadas nas primeiras décadas deste século XXI. Há também uma série de modelos teóricos que contemplam propostas interessantes de explicações para esses fatos. Temos de esperar mais um pouco...

Essas observações independentes dão apoio a outras observações relacionadas com a radiação cósmica de fundo que de fato complementam este quadro. As diferenças de temperatura de radiação de fundo são muito sensíveis a diferenças de densidade. Os dados da radiação de fundo indicam que 65% da massa do universo é formada por um gás que se convencionou chamar de *energia escura*, que tem pressão negativa e que faz com que o universo esteja se expandindo. Por outro lado, cerca de 32% da massa do universo é algo inerte, como conhecemos, mas de origem diferente. Convencionou-se denominar esta parte de *matéria escura*.[13] Temos, ainda, cerca de 3 a 5 % de matéria usual, em sua maioria hádrons, ou seja, prótons e nêutrons, além de elétrons, fótons etc.

Dessa forma, sabemos, grosso modo, a composição do universo, mas não sabemos que tipo de matéria perfaz 97% dele. É fascinante, ao mesmo tempo que assustador. Acima de tudo, é uma maravilha saber que há tanto a conhecer. Tem razão o filósofo, que conhecendo muito, afirma: *só sei que nada sei*!

8.6 Rumo ao futuro: sobre a necessidade de uma teoria quântica da gravitação

A teoria da gravitação[14] descreve a mais antiga força da natureza conhecida pelo homem. O Universo ptolomaico já se referia à estrutura do universo baseado nas antigas concepções gregas. Foi com Newton que se conseguiu a primeira descrição do universo através de princípios físicos bem definidos, com uma teoria física

---

[13] O leitor poderia argumentar que energia e matéria são equivalentes. Isto é fato, mas a denominação *energia escura* e *matéria escura* são convencionais, e apesar de bastante infeliz esta denominação, ela acabou sendo utilizada pelos físicos e pelos astrônomos. Assim, neste caso, *energia escura* e *matéria escura* são entidades distintas.

[14] Parte do que se segue está contido na referência [18].

subjacente, que pode explicar os antigos dados, melhorados por Tycho Brahe, assim como as leis de Kepler, ali baseadas.

No entanto, foi com a relatividade geral que se pôde ter uma descrição completa da natureza da interação gravitacional, já que só então uma determinada condição física, juntamente com as equações fundamentais, poderia determinar o tipo de gravitação subjacente. Ou seja, com a distribuição de matéria e com a simetria do problema, podemos resolver as equações de Einstein, obtendo-se a métrica do problema em questão.

Ao mesmo tempo em que se desenvolvia a teoria da relatividade, a mecânica quântica dava seus primeiros passos, descrevendo uma natureza que correspondia, a princípio, ao muito pequeno. Átomos, elétrons, prótons eram descritos por leis que descreviam o âmago da matéria de modo consistente, o que a mecânica clássica certamente não era capaz de fazer.

Gravitação e mecânica quântica andavam, na primeira metade do século XX, a passos paralelos, mas sem jamais colocarem problemas uma à outra, já que até então diziam respeito a problemáticas diferentes, uma delas ao muito pequeno e outra ao muito grande.

Todavia, sempre se almejou descrever uma teoria unificada de todas as interações elementares. Afinal, se a física é uma só, sendo a mesma em todos os lugares do espaço e em todo o tempo cosmológico, por que então a gravitação não estaria ligada de modo intrínseco às outras interações elementares?

Mais do que isso, o avanço da cosmologia, na segunda metade do século XX, colocou ainda outra peça importante no estudo da gravitação, através da descrição do universo primordial. O universo descrito pelas equações de Einstein está em evolução, e se iniciou através de uma explosão universal, o chamado *Big Bang*, a grande explosão em que o universo emerge de um plasma cosmológico de temperatura altíssima requer a descrição de um fluido cuja energia média por partícula constituinte (ou seja, a temperatura) é muito alta. Assim, a interação se dá no âmago da matéria e requer uma descrição eminentemente quântica. Essa foi uma explosão diferente da explosão de uma bomba, pois esta última tem um centro do qual emanam ondas de choque. No caso do *Big Bang,* a explosão é universal, em todos os pontos ao mesmo tempo, e a evolução posterior é dada pela teoria das partículas elementares e dos campos, portanto uma teoria quântica.

Ainda mais que isto, a explosão inicial não pode ser compreendida apenas através da gravitação de Einstein, já que, nesse caso, não haveria como se dar uma causa àquela explosão inicial. Juntamente com esta questão, no caso de se descrever o comportamento posterior do universo, em seus primeiros instantes, que são de fundamental importância para a evolução posterior, é necessário que se tenha uma teoria unificada de todas as interações, e, portanto, sendo as outras interações obrigatoriamente quantizadas, não há como se ter uma gravitação simplesmente clássica!

Há outras linhas de argumentação equivalentemente incisivas. O comportamento de buracos negros na presença de campos quantizados também nos leva a uma obrigatoriedade da quantização dos campos gravitacionais.

A questão colocada está, no entanto, entre as mais difíceis, tecnicamente, no âmbito da física teórica. Se procedermos à quantização da gravitação da mesma maneira que o fazemos no caso dos outros campos, chegaremos a contradições visíveis, já que a gravitação, sendo uma teoria altamente não linear, gera quantidades infinitas que não podemos interpretar fisicamente. O chamado processo de renormalização de uma teoria de campos, que *cura* os infinitos que aparecem devido ao caráter operatorial dos campos quantizados,[15] não pode ser resolvido em teorias de campos que contenham a gravitação. Em termos técnicos, dizemos que a gravitação é uma *teoria não renormalizável*. Isto é fatal, já que em casos como esse, o poder de previsão da teoria se enfraquece ao infinito.

As dificuldades em se amalgamar gravidade e mecânica quântica são muitas. De fato, apenas pensarmos em uma gravitação quântica já nos demanda uma reestruturação da geometria. Dessa maneira, a antiga meta, já antevista por Einstein, de se obter uma teoria unificada dos campos, que foi delineada para as outras interações no decorrer das últimas décadas do século XX, encontra uma alta barreira exatamente na teoria da gravitação, que podemos chamar a *menina dos olhos* da física fundamental.

Tecnicamente, há várias maneiras de se quantizar a gravitação, cada uma com problemas e consequências. Vamos nos concentrar aqui no modo que tem convencido um grande número de físicos teóricos até o momento, já que é uma via elegante e que leva também à solução de vários problemas teóricos importantes. É a chamada *teoria das cordas* que passamos a descrever. Nesse caso, a física, por seus caminhos sinuosos e confusos, pode ter encontrado a solução para a quantização da gravidade em um acidente teórico conhecido nos dias de hoje como teoria de supercordas. Inicialmente concebida como um modelo para interações fortes, a teoria de cordas, baseada em princípios simples, mas com consequências deveras complexas, mostrou-se, nos últimos anos, como a mais séria candidata à unificação de todas as interações elementares, ao incluir a gravidade no mesmo patamar que os demais campos de partículas, em um formalismo finito e livre de anomalias quânticas. Misturando ficção científica e realidade, criando uma nova matemática, prevendo novas dimensões para o nosso universo além daquelas que podemos ver, a teoria de cordas, segundo as palavras de um dos maiores artífices deste campo de estudo, Edward Witten, mostra-se como a *física do século XXI que por acaso caiu no século XX*. Hoje, um novo ânimo instaurou-se na comunidade científica e talvez em breve possamos estar detectando experimentalmente sinais de que todo o trabalho às cegas dos últimos anos, em física teórica, não tenha sido em vão e esteja, de fato, revelando os mais profundos mistérios da natureza.

---

[15] Na teoria quântica de Campos, os objetos físicos têm um caráter próprio, sendo representados por *operadores*.

8.7 Cordas

A teoria das cordas se iniciou ao se tentar explicar as leis da teoria de interações fortes, ou seja, as interações nucleares. Era muito difícil tentar uma explicação através dos métodos de teoria quântica de Campos, já que esta não permitia, para aquele caso, uma aproximação satisfatória. Tentou-se, então, chegar a resultados através de hipóteses gerais que satisfizessem às exigências de teoria de Campos.[16] Chegou-se, por um processo quase adivinhatório, a uma expressão que satisfazia àquelas exigências, trazendo ao mesmo tempo uma descrição das partículas interagindo fortemente. Era a chamada fórmula de Veneziano, obtida pelo físico italiano Gabriele Veneziano, no final da década de 1960. O grande passo posterior se configurou ao se mostrar que a fórmula de Veneziano podia ser obtida de modo simples, em uma teoria descrevendo objetos extensos, a teoria das cordas.

Acredita-se que a corda fundamental, de onde todas as partículas aparecem como modos vibrantes, seja pequena, de fato, da ordem de 10^{-33} cm, para justificar a inobservância direta de sua existência. O número 10^{-33} cm significa a fração

$$\frac{1}{1.000.000.000.000.000.000.000.000.000.000.000}$$

do centímetro. O raio do próton tem 10^{-13} cm, portanto 20 ordens de grandeza maior!

Toda a complexidade da teoria de cordas pode ser derivada de um conceito muito simples: as entidades fundamentais da natureza, partículas constituintes da matéria e das interações, não são objetos pontuais, mas fazem parte de pequenas cordas vibrando no espaço-tempo. Diferentes partículas aparecem como diferentes formas de vibração, mas todas estão incluídas na mesma descrição. Devemos garantir que a corda fundamental, de onde todas as partículas aparecem como modos de vibração, seja pequena o suficiente para justificar a inobservância direta de sua existência. De fato, o comprimento da corda é conhecido também como comprimento de Planck. Assim, só podemos perceber sua existência com experimentos que testem distâncias muito pequenas, ou, equivalentemente, que usem energias muito grandes; tão grandes que a tentativa de detectar esses efeitos diretamente seria inviável com a tecnologia atual. Entretanto, as diferenças fundamentais entre uma corda e um ponto são as responsáveis pelas previsões revolucionárias da teoria.

Uma corda é bem diferente de um ponto: enquanto este, ao mover-se no espaço, descreve uma linha, a corda, por sua vez, descreve uma superfície. Assim, o princípio de mínima ação da mecânica clássica é traduzido para um formalismo bidimensional, implicando que, de todas as trajetórias possíveis no espaço-tempo,

---

[16] Ou seja, causalidade e propriedades gerais da teoria de espalhamento.

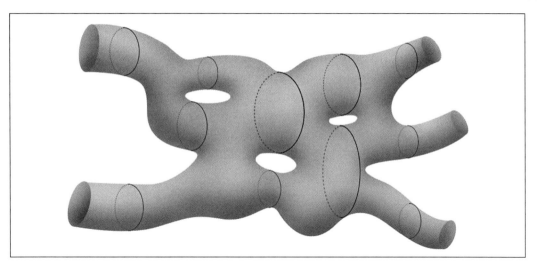

Figura 8.12 Espalhamento de cordas.

a corda realiza aquela que varre a menor área ao se propagar. Além disso, enquanto os pontos são únicos, cordas podem ser concebidas com as extremidades unidas (cordas fechadas), ou abertas. As cordas fechadas, por não possuírem pontos extremos, estão mais livres que as cordas abertas que precisam ser bem-comportadas nas extremidades.

Se o mundo fosse clássico, não poderia surgir nenhuma revolução dessa hipótese simples. Mas em um mundo quântico como este em que vivemos, é necessário que as cordas vibrem de maneira quantizada, em quantidades discretas. Cada quantum de vibração aparece como uma partícula distinta, com massa e *spin* distintos. Podemos compreender então que, como há infinitas formas das cordas vibrando, existiriam infinitas partículas *elementares*. Evidentemente, nesse caso, *elementar* deixaria de ser o adjetivo correto. Mas se a corda for suficientemente pequena, como de fato supomos que seja, apenas as partículas sem massa[17] seriam observáveis nas energias que podemos atingir, pois os outros modos seriam excessivamente *pesados* para serem observados pelas técnicas atuais. Assim, o número de modos elementares efetivos é finito, e tais modos devem representar as partículas que conhecemos.

A primeira grande surpresa da quantização dessas pequenas cordas provém justamente da parte leve (não massiva) desse espectro. No contexto das cordas abertas, encontramos uma partícula sem massa que possui o número de componentes de um fóton – a partícula mediadora da interação eletromagnética. Por outro lado, entre os modos de vibração de uma corda fechada, identificamos uma partícula sem massa com o número correto de componentes correspondente ao

---

[17] De fato, quase sem massa. As massas observadas são muito menores que as massas dos outros modos das cordas, e são descritas por outro mecanismos, que não nos interessa detalhar aqui.

gráviton – a partícula mediadora da interação gravitacional. Assim, a gravidade e as demais interações físicas estariam naturalmente unificadas no mesmo formalismo! Como toda teoria de cordas necessariamente inclui cordas fechadas, porque uma corda aberta interagindo sempre pode unir seus pontos extremos, a gravidade não só está descrita no mesmo formalismo que os campos das demais forças como também é uma exigência da teoria. Obtemos uma descrição única de gravitação e das chamadas forças de calibre, que incluem as três demais interações, com a propriedade que caracteriza o campo gravitacional decorrendo naturalmente da teoria: todo campo interage gravitacionalmente.

8.7.1 Dimensões

Para que a teoria de cordas funcione, explicando a existência de todas estas partículas e forças, é preciso aceitar mais dimensões do que aquelas que conhecemos, já que este cenário é muito restritivo. Pensa-se que várias dimensões sejam necessárias para as cordas vibrarem de modo a explicar todas as caraterísticas das partículas fundamentais. Quatro dimensões são familiares para nós: comprimento, largura, altura e tempo, mas existiriam outras dimensões tão pequenas que não podemos vê-las. Uma visão simples seria dizer que cada ponto no universo tradicional e aparentemente quadridimensional é na realidade um volume pequeno e multidimensional. Esta ideia foi recuperada das antigas ideias propostas por Oscar Klein na década de 1920, baseada nos trabalhos prévios de Theodor Kaluza, quando ele tentava unificar gravidade e eletromagnetismo.

Assim, desde o final da década de 1920, com os trabalhos de Kaluza e Klein, sabemos que dificilmente haverá possibilidade de se unificar todas as interações em apenas quatro dimensões (uma de tempo e três de espaço). Não é, portanto, nenhuma surpresa que a teoria das cordas, candidata a explicar a unificação, exija uma alta dimensionalidade do espaço-tempo. De fato, quantizar a teoria só é possível de forma consistente em dez dimensões do espaço-tempo e com simetrias adicionais. Desse modo, arte e ficção científica se fazem ciência.

Dimensões além das visíveis sempre assombraram o mundo da ficção científica e foram usadas para várias viagens místicas e até encontros com o Criador. A mística da alta dimensionalidade inspirou também artistas como Pablo Picasso e Salvador Dali.

Mas o que significaria um mundo com dimensões extras? Seria, na verdade, mais uma lição de humildade para a ciência: o universo não só é infinitamente rico nas três dimensões espaciais que observamos como também é dotado de outras dimensões das quais nem tomamos conhecimento. Somos como carrapatos do universo, vivemos restritos a uma superfície que está imersa em um mundo com mais dimensões. Como seria a ciência de carrapatos? Provavelmente os *carrapatos-cientistas* teriam de apelar para efeitos fantásticos para explicar a chuva: erupções de fluidos viscosos que surgem *do nada* sobre a superfície em que vivem. Mas seres que ocupam a terceira dimensão, como nós, sabemos por que os carrapatos parecem tão confusos.

O mesmo ocorre para as leis físicas, em um universo multidimensional. Nossa visão restrita a quatro dimensões espaço-temporais torna confusos e desunidos os fenômenos que provavelmente seriam descritos de forma simples e única se pudéssemos vislumbrá-los *de fora*, das dimensões em que eles de fato vivem. É claro que, de alguma forma, a existência dessas dimensões poderia ser percebida. Em particular, para a teoria de cordas, a gravidade seria obtida pela troca de cordas fechadas que moram nas dez dimensões. Se a gravidade pode, portanto, se propagar nessas dimensões extras, a lei de Newton deveria ser alterada e não observaríamos uma força gravitacional inversamente proporcional ao quadrado da distância. Como esse efeito não é observado, essas dimensões, se de fato existem, devem ser muito pequenas, tão pequenas que, efetivamente, nosso universo parece quadridimensional. Dizemos que as dimensões extras estão compactificadas.

Quando se compactifica a teoria de cordas,[18] os pontos extremos das cordas abertas ficam confinados às dimensões não compactas, ou seja, ao nosso universo observável; enquanto isso, as cordas fechadas continuam livres para viajarem em todas as dimensões extras. A superfície em que as cordas abertas estão confinadas são membranas imersas no universo de dez dimensões. Toda a matéria e as interações, excluindo a força gravitacional, são, dessa forma, confinadas nessa membrana e formam o nosso universo visível. Somos, portanto, moradores de uma fatia de algo muito maior. As partículas elementares, os fótons de luz e seus similares estão confinados nessa membrana. Somente a gravidade pode viajar por todo o espaço. Somente ela pode nos trazer indícios da existência de tais dimensões extras.

Note-se que, há poucos anos, a ideia de dimensões extras habitava a região nebulosa entre a física e a ficção científica. Porém, muitos físicos já tinham começado a ver a nova *teoria das cordas* como o grande próximo passo da física teórica. A teoria das cordas é uma teoria que tenta responder a tudo aquilo que observamos no universo, tanto em larga escala como na escala subatômica. Para isso, a teoria deve dar conta de um único comportamento para todas as partículas elementares e as quatro forças fundamentais, deve unificar as teorias da relatividade geral e da mecânica auântica e explicar o nascimento do universo e tudo quanto vemos dentro dele. Pela primeira vez, a resposta pode estar mais perto do que imaginamos.

---

[18] O que queremos dizer aqui é *quando as dimensões extras descritas pela teoria de cordas estão compactificadas*. Usaremos, todavia, a linguagem simplificada.

8.7.2 O estilo teorias de cordas

As teorias de cordas só podem conter simetrias da natureza, as chamadas simetrias de calibre, em certas dimensões específicas. A teoria de cordas mais simples, contendo apenas elementos classicamente conhecidos, os chamados bósons, que descrevem o espaço-tempo, só pode ser definida em 26 dimensões. Pior que isso, ela contém *táquions*, estranhas partículas que viajam a velocidades maiores que a da luz. Esse tipo de teoria de cordas foi abandonado por estas e outras razões.

Ao mesmo tempo, a chamada supersimetria, aquela simetria maiúscula que liga bósons e férmions, foi usada para redefinir a teoria de cordas. Acontece que, neste caso, a dimensão correta da teoria das cordas é dez. Parece melhor. Mas melhor ainda é o fato de que não há táquions nessas teorias.

As teorias de cordas permitem que definamos certas quantidades associadas à simetria que gostaríamos de prover na própria teoria. Em princípio, tal simetria é arbitrária. No entanto, deveríamos, em uma teoria com boa possibilidade de previsão, ter um número pequeno de possibilidades para não cairmos em um tipo de teoria com tanta liberdade que a previsão acabe por ser eclipsada.

Foi com surpresa que o mundo viu a chamada primeira revolução das cordas, quando Michael Green e John Schwarz verificaram que a mecânica quântica coloca vínculos sérios na teoria de cordas e que, se impusermos que as teorias não sejam anômalas, a simetria que a corda deve ter poderá ser no máximo de dois tipos. Combinando com certas liberdades de definição das cordas, chega-se à conclusão de que há apenas e tão somente cinco teorias de cordas possíveis; dessa maneira, a mecânica quântica passa a ter um papel fundamental na formulação da teoria universal que inclui a gravitação, levando-nos a uma formulação compacta das interações elementares.

8.7.3 *M* de mistério

A teoria das cordas possui uma formulação muito simples no que diz respeito às interações. As cordas se mesclam e se dividem. Há um número pequeno de teorias de cordas, já que sua formulação simples termina por ser quase única. A simetria subjacente à teoria tem um número pequeníssimo de possibilidades que levam a uma teoria de campos simples, e não ao que se costumou chamar de *teorias anômalas*. Hoje, após o que se conhece como a primeira revolução da teoria de cordas, sabemos que existem cinco tipos de teorias de cordas livres de anomalias.

Mesmo havendo um número restrito de possibilidades, essa aparente não unidade conflita com uma interpretação unificadora da natureza. Como uma teoria que se propõe a explicar todas as forças, de forma única, pode se dividir em diferentes ramos autoconsistentes? Qual possibilidade devemos tomar como verdadeira? Na década de 1990, a busca pela resposta a esta questão ocasionou uma segunda revolução: existem dualidades que relacionam cada ramo da teoria das cordas entre si.

As dualidades são equivalências entre formalismos aparentemente distintos. Como um exemplo, para a teoria de cordas não há efetivamente nenhuma diferença se as dimensões compactas possuem um determinado raio R ou se possuem um raio 1/R. Esse tipo de dualidade, conhecida como dualidade T, relaciona teorias compactificadas, em um raio grande, com compactificações, em um raio muito pequeno. Acrescidas das demais dualidades (existem ainda as relações de dualidade U e dualidade S), tais identificações revelam vínculos entre os diversos tipos de teorias de cordas, sugerindo que todas elas possam ser derivadas de uma teoria fundamental em onze dimensões (novamente uma unificação maior exige uma dimensionalidade ainda maior). Lembramos então de uma antiga citação de um grande Sufi de nome Rumi, que em um contexto completamente diferente disse: *Even though you tie a hundred knots - the string remains one.*[19]

Essa teoria fundamental é conhecida como Teoria-*M*: *M* de *matriz* ou de *mãe*. Como muito pouco se conhece a respeito desse formalismo, o mais provável é que a teoria denomine-se dessa forma com *M* de *mistério*.

Mesmo que o quadro pareça promissor, por estarmos possivelmente no rumo correto, a teoria das cordas possui graves problemas. Há problemas graves em um nível teórico. Só conseguimos trabalhar com o modelo no que se chama de tratamento perturbativo: é como se conhecêssemos apenas os remanescentes de uma grande explosão nuclear e precisássemos descrever o mundo antes dela. O conhecimento dessa teoria misteriosa que unifica as cordas está longe de ser atingido.

Além disso, a aparente unidade da teoria é quebrada ao compactificarmos as dimensões extras. Diferentes maneiras de compactificar implicam em diferentes resultados, e devemos entender qual é a forma correta de compactificação para que a teoria preveja resultados testáveis em laboratório. A questão experimental também é grave, já que o teste experimental da Teoria de Cordas ainda não foi feito: suas previsões são de caráter muito difícil de serem detectadas por experiências factíveis com a tecnologia atual.

É certo, porém, que há um problema com o cenário em dez dimensões. A teoria das cordas veio em cinco diferentes formas, até que o físico matemático Edward Witten repensou-a em 1995. Ele sugeriu que as cinco formas matemáticas diferentes da teoria eram simplesmente maneiras distintas de se olhar para o mesmo problema através da Teoria-M, com uma nova dimensão. Mas logo foi notado que temos então uma outra implicação: pode existir mais de um universo! Ou ainda: deve haver infinitos universos!

---

[19] Mesmo tendo cem nós, a corda continua a mesma.

8.7.4 Cosmologia de Branas

Mesmo que estejamos engatinhando na compreensão dos mistérios por trás da teoria das supercordas, suas implicações na cosmologia podem estar associadas a uma nova revolução.

Inspirados na teoria das cordas, os novos modelos cosmológicos para o nosso universo são construídos justamente para a exploração dos efeitos físicos das dimensões extras que a teoria prevê. O quadro dessa nova forma de entender a estrutura e evolução do universo, conhecida também como *Cosmologia de Branas*, caracteriza-se por estarmos vivendo em uma fatia (uma membrana) de um espaço-tempo com dimensões extras. Somente a gravidade, sendo mediada por cordas fechadas que não possuem pontos extremos fixos nessa brana, pode viajar através dessas dimensões extras. Portanto, apenas utilizando sinais gravitacionais podemos perceber a existência de tais dimensões.

Nesse modelo, é possível até que as dimensões não sejam tão pequenas quanto se esperava. Basta que a gravidade esteja de alguma forma confinada a um espaço suficientemente restrito em torno da brana para que não haja violações da conhecida lei de Newton até as escalas de distâncias em que ela é bem testada (cerca de 1 mm). De fato, recentemente mostrou-se que se as dimensões forem suficientemente curvadas para confinar a gravidade perto da membrana, elas podem não ser compactas: podem ser infinitas!

Entretanto, mesmo que tais dimensões sejam infinitas, como a gravidade penetra muito pouco nas direções extras, não podemos hoje utilizar sinais gravitacionais para percebermos essa existência. É como se morássemos na superfície de uma mesa muito fina: como estamos acostumados com a grande extensão da mesa, não percebemos sua pequena espessura e efetivamente a mesa aparenta possuir apenas duas dimensões.

Mas a superfície de nossa mesa está evoluindo no tempo. O universo está de fato se expandindo. Assim, se olharmos para trás, haverá um tempo em que tal superfície fora tão pequena que a mesa assemelhava-se mais a um cubo; a espessura e a largura agora, então, eram da mesma ordem de grandeza. Sinais gravitacionais dessa época poderiam carregar a informação de que essas dimensões extras realmente existem!

8.7.5 Testando a gravidade na Brana

Assim, podemos perguntar se existem outras branas, ou ainda, se talvez exista uma brana do lado daquela que chamamos de nosso universo, uma brana paralela que pode ser chamada de universo paralelo. Tais questões tão complexas fizeram os cientistas pensarem em caminhos para testar a realidade dessas predições.

A gravidade é uma das quatro forças fundamentais, mas se distingue das outras três (fraca, forte e eletromagnética) pelo fato de ser muito mais fraca. Se o nosso universo é de fato uma brana, acredita-se que cada brana deve ter suas próprias leis físicas ditadas pelas cordas que estão ancoradas nela. Mas o que aconteceria se algumas dessas cordas fossem livres para se movimentarem para fora da brana? As cordas responsáveis por controlar o comportamento do gráviton (a partícula que transmite a gravidade) podem ser imaginadas como laços fechados, que por sua forma não estão atados a nenhum universo em particular. São livres para permear outras branas. Assim, a gravidade pode bem ser tão forte quanto as outras forças fundamentais mas, devido à sua habilidade de permear os universos paralelos, ela fica diluída e sua intensidade aparente em nosso universo é muito mais reduzida. Se a teoria estiver correta, então a gravidade pode ser a única forma que temos para nos comunicarmos com outros universos paralelos, já que é uma força comum a todos os universos e dimensões.

As dimensões extras também podem ser medidas em termos da energia necessária para sondá-las. Uma partícula acelerada a um trilhão de elétrons-volts (1 TeV) tem, de acordo com a mecânica quântica, um aspecto de onda com um comprimento de aproximadamente 2×10^{-19} m. Portanto, ela pode explorar facetas do mundo subatômico nessa escala. Dobrar a energia significa ver caraterísticas de um mundo com a metade do tamanho anterior, e assim sucessivamente. Em um acelerador é possível fazer colidir partículas de altas energias e esperar ocasionalmente a produção de um gráviton de uma grande energia que possa escapar às dimensões extras e explorá-las, desaparecendo do nosso mundo. Este é o tipo de experimento mais simples que pode ser feito, e se puderem ser eliminadas outras causas para essa perda de energia, então seremos capazes de dizer que achamos uma evidência para a existência das dimensões extras do espaço.

As evidências que buscamos da alta dimensionalidade podem estar escondidas nas inomogeneidades dos sinais da radiação cósmica de fundo. As observações do satélite Planck, que melhorará as observações do COBE e do WMAP, podem, portanto, revelar os indícios que comprovariam a existência de dimensões extras, já que tal radiação carrega informação de uma era remota, quando os efeitos gravitacionais da alta dimensionalidade eram macroscópicos.

A detecção de eventos relacionados com a existência de um número maior de dimensões sem dúvida seria uma das maiores descobertas da humanidade. Não só colocaria a teoria de cordas e suas implicações em um patamar mais concreto, como teoria física, como seria forte indício de que a natureza talvez conheça e faça uso de nossos próprios ideais de beleza!

Se há uma essência por trás de tanta simetria, não sabemos. Provavelmente saberemos apenas que sentido tal beleza pode conferir às nossas próprias vidas. Afinal, como certa vez Henri Poincaré afirmou, *o cientista não estuda a natureza porque ela é útil; estuda-a porque se delicia com ela, e se delicia com ela porque ela é bela. Se a natureza não fosse bela, não valeria a pena conhecê-la e, se não valesse a pena conhecer a natureza, não valeria a pena viver.*

8.8 Outros modelos e ideias

Um dos modelos pioneiros do mundo brana é aquele pensado por Nima Arkani-Hamed, Savas Dimopoulos e Gia Dvali. Eles procuraram uma formulação na qual a gravitação fosse, em certas condições, tão intensa quanto as outras interações. Isto ocorreria a energias muito altas, da ordem de 1 TeV por partícula. Conseguiram este objetivo supondo dimensões extras do tamanho de 1 mm. Existe um fato no registro científico que faz que esta suposição seja factível. Enquanto as outras forças da natureza têm sido verificadas até a ordem de 10^{-19} m, a gravidade só tem sido verificada até a ordem milimétrica.

Como foi dito anteriormente, a teoria de cordas dita que qualquer dimensão extra fora da brana afeta somente a gravidade. Em outras palavras, somente a força mediada pelos grávitons pode viajar no espaço-tempo além da brana, deixando o resto das forças confinadas à brana. Qualquer dimensão extra afetando a gravidade deve então alterar a lei do inverso do quadrado de Newton, que diz que todos os objetos são atraídos um pelo outro com uma força que é inversamente proporcional ao quadrado da distância entre eles. Estimou-se que uma só dimensão extra modificaria a lei de Newton na escala de 100 milhões de quilômetros, aproximadamente a distância entre a Terra e o Sol. Mas sabemos que essa opção não é possível, já que a órbita da Terra obedece à lei do inverso do quadrado. Se existissem duas dimensões extras, porém, elas modificariam a lei de Newton na escala de 0,1 a 1 mm, comprida o suficiente para ser detectada, mas pequena demais para ser testada hoje pela lei do inverso do quadrado. Com mais dimensões extras, a escala vai se encolhendo abaixo da escala milimétrica.

Outro modelo importante, descrevendo uma dimensão extra, foi proposto por Lisa Randall e Raman Sundrum. Eles consideraram uma só dimensão extra e que pode ser ainda infinita. O argumento é que a tal dimensão seja curvada o suficiente para confinar a gravidade por perto da brana. Mas sendo assim, hoje não seria possível utilizar sinais gravitacionais para percebermos a dimensão extra. No entanto, podemos usar o fato de o universo estar se expandindo. Assim, se olharmos para trás, houve um tempo em que todas as dimensões tinham um comprimento comparável e os sinais gravitacionais daquela época poderiam carregar a informação de que essas dimensões extras, seja uma única ou sejam várias, realmente existem.

8.8.1 Atalhos gravitacionais

Como sabemos, a luz é radiação eletromagnética e, em um modelo de branas, as cargas e os campos devem se propagar somente na brana. Assim, não existiria forma de sondar as dimensões extras usando a luz, mesmo que essas dimensões fossem infinitas. Como foi dito anteriormente, o único caminho seria olhar para qualquer comportamento suspeito da gravidade.

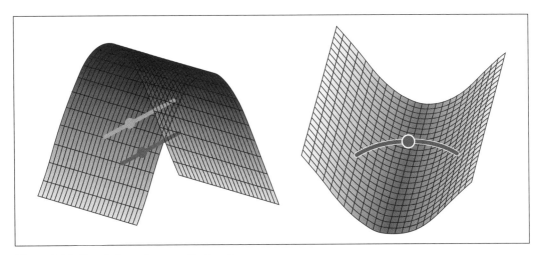

Figura 8.13 Possíveis atalhos gravitacionais.

Na cosmologia usual, devido à expansão do universo e ao fato de a velocidade da luz ser finita, escalas que hoje estão em contato causal não estiveram assim no passado.

8.8.2 Revisões do *Big Bang*

A teoria de cordas, que hoje se tornou teoria-M, está dando lugar a uma revolução na forma como concebemos o cosmos. Mas o que ela tem a dizer sobre como tudo começou? A teoria do *Big Bang* é até hoje a mais aceita para descrever o começo do universo.

Atualmente, alguns cientistas acreditam na ideia de que o *Big Bang* seja uma manifestação da colisão de branas. Dessa maneira, o *Big Bang* está longe de ser único. Os *Big Bangs* são somente um produto dos ciclos sem-fim dentro do cosmos. Eles aconteceram antes, e acontecerão de novo.

Há poucos anos, propuseram-se teorias descrevendo esta colisão de branas sob o nome de *universo cíclico*. Nesse cenário, o espaço e o tempo existiram sempre. O *Big Bang* não é o começo do tempo, é somente uma ponte a uma era anterior de contração. O universo sofre uma sequência interminável de ciclos nos quais ele se contrai em um *Big Crunch*, ou grande implosão, e reemerge em uma nova *grande explosão* com trilhões de anos de evolução.

O modelo cíclico recupera todas as predições de sucesso das teorias do *Big Bang* e inflação, e ainda tem suficiente poder preditivo para direcionar muitas questões que esses modelos não souberam responder: o que aconteceu na singularidade inicial? Qual o destino do universo? O tempo existiu antes da explosão inicial ou depois do *Big Crunch*? Haverá outros universos, com outros tempos e espaços independentes dos nossos? O que é o tempo? Será que, conforme afirma Edward Witten o tempo está *destinado ao ocaso*?[20]

Nesse modelo, cada ciclo prossegue através de um período de domínio da radiação e outro da matéria, consistente com a cosmologia padrão. Para os próximos trilhões de anos ou mais, o universo sofre um período de lenta aceleração cósmica e provoca os eventos que conduzem à contração e à implosão. A transição da implosão à explosão preenche automaticamente o universo, criando nova matéria e radiação. A gravidade e a transição do *Big Crunch* ao *Big Bang* mantêm os ciclos eternamente. Esta transição é devida ao colapso, oscilação e reexpansão de uma das dimensões extras. Por exemplo, numa variante da teoria-M, o universo consiste em duas branas que limitam a dimensão extra, e a singularidade corresponde a uma colisão e o pulo sucessivo das duas branas. Esse cenário foi precedido pelo *modelo ekpirótico*, proposto pelos mesmos autores junto a J. Khoury e B. Ovrut, que falava da possibilidade de criar o universo do colapso único da dimensão extra. O modelo cíclico é construído sobre essas ideias, para produzir uma nova visão com um grande poder preditivo e explicativo.

Dispersando o mito de que o *Big Bang* é o começo do espaço e do tempo, a teoria de cordas abre novas possibilidades para a historia cosmológica do universo.

É claro que, para que a teoria de cordas seja um sucesso matemática e experimentalmente, é necessário haver uma mudança radical da forma como vemos o universo. Porém, é importante ter em mente que a teoria das cordas, com todas suas consequências bizarras, está baseada mais no pensamento que no experimento.

No entanto, ela não é diferente das ideias revolucionárias de Einstein, há quase um século; ideias que foram logo demonstradas como fato científico. Naquele tempo, a relatividade especial e a geral foram formas científicas bastante novas e excitantes de pensar, que nos empurraram para dentro de novos mundos do entendimento. A teoria de cordas bem poderia fazer o mesmo em um futuro não muito longínquo.

O certo, no entanto, é que a busca por uma teoria que inclua os dois grandes pilares da física moderna, a relatividade geral e a mecânica quântica, não pode parar, e apenas uma formulação conjunta destas vertentes teóricas poderá dar à física o caráter de uma ciência presente em todos os aspectos físicos do Universo.

Nossos olhos passam então a questões que possam nos dar indicações de que compreendemos a estrutura do universo e suas leis. O fato experimental que nos pode levar à estrutura do universo em larga escala, a partir de primeiros princípios, são as observações da radiação cósmica de fundo. Se pudermos seguir a evolução das inomogeneidades observadas, talvez possamos chegar às estruturas vistas hoje. Essa evolução terá como ingrediente essencial a teoria da relatividade geral.

---

[20] *Spacetime is doomed.*

Figura 8.14 A criação de novos universos na teoria de cordas.

Seguindo um pouco mais adiante, gostaríamos de saber as demais consequências da mecânica quântica diretamente sobre a relatividade geral, tal como discutimos. O estudo de buracos negros é a maneira mais direta de se chegar a uma compreensão mais profunda, não somente da relatividade geral clássica mas, principalmente, de uma teoria quântica da gravitação. Isto se deve à observação de que há leis para a dinâmica de buracos negros inerentes a relatividade geral, que são idênticas às leis da termodinâmica, uma vez que indentifiquemos a entropia termodinâmica com a área do buraco negro dividida por quatro vezes a constante de Newton. Tal identificação terá papel fundamental em processos puramente quânticos envolvendo a evaporação dos buracos negros. Mais recentemente, a relação da entropia de um sistema cosmológico arbitrário com a área que cerca este mesmo sistema é vista como fundamental, o chamado princípio holográfico, que requer que a relação entre a entropia e a área seja sempre menor que o inverso do quádruplo da constante de Newton.

Tal relação é natural em certas teorias de cordas e representaria um avanço teórico muito importante. Além disso, estaríamos em direção a uma completa quantização de toda a natureza, incluindo o cosmos. Isso nos indica uma mudança mandatória dos conceitos, já que o observador é agora interno ao objeto quântico a ser estudado. Coloca-se então a pergunta: podem-se criar universos em processos quânticos análogos aos de formação de partículas elementares? Podem tais universos, incluindo o nosso, desaparecer em um processo quântico? Afinal, uma teoria de campos quantizados prevê, e até mesmo requer, que tais processos ocorram, e eles de fato ocorrem com frequência no âmbito de partículas elementares. Deveríamos então poder calcular a função de onda do universo!

No contexto de teorias inflacionárias, já se mostrou natural tal criação de universos. Agora poderíamos ter processos tais como na Figura 8.14.

CAPÍTULO 9

Considerações Finais

Chegamos, finalmente, ao ponto em que ciência e filosofia fundem-se às preocupações atávicas do homem. Passamos das preocupações práticas, técnicas e úteis em nossa vida diária, colocadas pela física e realizadas pela tecnologia, a preocupações cada vez mais teóricas e especulativas, mas ao mesmo tempo mais fundamentais.

A origem e a estrutura da geometria do espaço-tempo são misteriosas. Uma geometria quântica não tem mais funções simples representando o espaço, mas operadores quânticos, e sua interpretação já não é mais tão simples. Mais ainda, no âmago da gravitação quântica, em buracos negros e a altíssimas temperaturas, é essencial que consideremos todas as partículas e interações, que são geradas em números infinitos nas teorias de cordas. Sobretudo, podem ainda intervir as dimensões extras das teorias de cordas, ou ainda outras das teorias-M, colocando a complexidade do problema em patamares ainda mais altos. Preveem alguns que as dimensões extras já se encontram em regiões próximas às observações. De todo modo, sua presença passou a ser bastante provável no âmbito de teorias gerais de campo quantizados, e a velha ideia de Kaluza e Klein dos anos 1920 passa a fazer parte de um ideário quase quotidiano em que outras dimensões passam a ser ubíquas.

No entanto, nosso conhecimento observacional do mundo ainda é pequeno. Isso pode parecer estranho em uma época em que a tecnologia nos permite ver do micro ao macro. Vimos que pode haver ainda um grande desconhecido no micro, no mundo das cordas, assim como no macro, em que 95 a 97% do nosso universo se constitui de matéria desconhecida! Se com o que já conhecemos, tanto nos foi possível, o que pensar de tais novas formas de matéria e de energia que mal começamos a tatear? Parece que, depois de um século de grandes descobertas tecnológicas e científicas, estamos apenas no início dessa busca incessante por novos horizontes.

APÊNDICE

Sistema Solar

Além do Sol, compõem o sistema solar oito planetas, alguns com diversos satélites e uma infinidade de outros corpos. O sol é uma estrela, o que significa que, em seu interior, potentes reações nucleares ocorrem, e parte da energia produzida escapa para o seu exterior. Com uma massa de 2×10^{30} kg (330.000 vezes a da Terra), um diâmetro de 1.392×10^6 km (109 vezes o da Terra) e uma oblaticidade[1] de apenas nove partes em um milhão, consiste numa distribuição ionizada de gases composta basicamente por hidrogênio (74%) e hélio (25%). Acredita-se que o Sol exista há 5 bilhões de ano, e que seu combustível nuclear continuará a ser consumido por outros 5 bilhões de anos. Após o combustível ser completamente esgotado, o Sol deve ser transformar numa anã branca.

O Sol movimenta-se de uma maneira bastante complexa. Do ponto de vista do sistema solar, destaca-se sua rotação com período (equatorial) de 25,38 dias. Complexas correntes convectivas fazem com que seus polos girem, efetivamente, com velocidades menores (período em torno de 28 dias). O eixo de rotação do Sol inclina-se 7°15′, em relação ao plano da eclíptica, e 67°14′, em relação ao plano da galáxia. A temperatura em sua superfície é de cerca de 5.800 K. Em seu núcleo, estima-se algo em torno de 13,6 milhões de Kelvins enquanto, na coroa, a temperatura pode alcançar 5 milhões de Kelvins.

---

[1] Define-se a oblaticidade do Sol como a dos planetas: a razão entre a diferença entre os diâmetros equatorial e polar e o diâmetro equatorial.

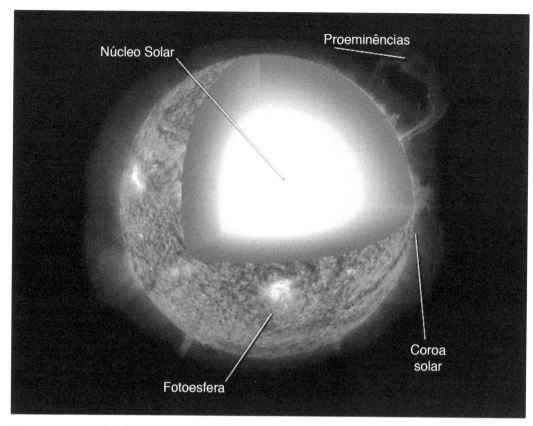

Figura 1 Aspecto das diversas camadas do sol.

As diferentes velocidades de rotação das distintas camadas ionizadas do Sol dão origem a um complexo campo magnético, responsável por inúmeros fenômenos como as manchas, ventos e tempestades solares, com algumas implicações até em nosso planeta, como interferências em transmissões radiofônicas e as auroras boreais. A influência do campo magnético solar avança fora do próprio sistema solar. A uma distância de aproximadamente 90 UA (pouco mais que o dobro do raio médio da órbita de plutão), a influência do campo magnético do Sol cai subitamente devido a ventos de partículas carregadas originados em outras estrelas mais distantes. Essas regiões estão sendo exploradas pelas sondas espaciais Voyager I e II.

Serão descritos, a seguir, os principais componentes do sistema solar, iniciando-se pelos oito planetas e suas várias luas e, em seguida, Plutão, o único planeta anão do sistema solar, o cinturão de asteroides, o cinturão Kuiper e os cometas.

Apêndice – Sistema Solar

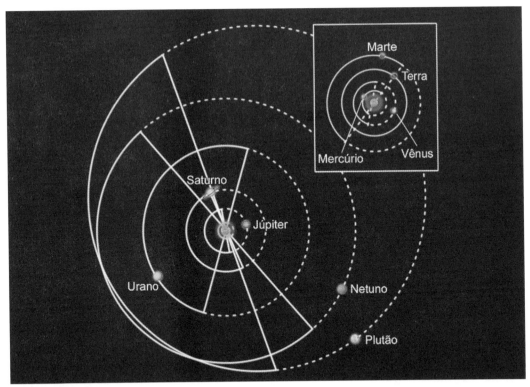

Figura 2 Órbitas dos oito planetas do sistema solar e de Plutão, representadas aproximadamente em escala. As linhas tracejadas correspondem a partes das órbitas que estão abaixo da eclíptica, conforme [9].

1 Mercúrio

Mercúrio, visível a olho nu, é conhecido desde a antiguidade. Forma, junto com Vênus, Terra e Marte, o conjunto dos planetas internos. Como todos os planetas deste grupo, é denso e rochoso. Porém, quase não possui atmosfera. Seu diâmetro corresponde a 0,383 do da Terra, e sua distância ao Sol é 0,39 a da Terra. Assim como Vênus, por estar numa órbita interior à da Terra, só pode ser visto no céu a pequenas distâncias angulares do Sol (28°)(veja Figura 4), tipicamente ao amanhecer e ao anoitecer. Por isso, às vezes, Mercúrio e Vênus são chamados também de planetas interiores.[2] Mercúrio não possui luas.

Mercúrio é o mais rápido dos planetas. Descreve sua órbita completa em torno do Sol em apenas 88 dias. Sua órbita é bastante excêntrica ($e = 0{,}206$, a segunda mais excêntrica do sistema solar, veja Tabela 1). Essas características fazem com que o movimento de mercúrio possa ser muito bem escrutinado observacionalmente. Em particular, conhece-se com boa precisão a posição de seus periélio e afélio (ver Figura 5).

---

[2] Note a distinção entre internos e interiores.

Figura 3 Mercúrio, o planeta mais próximo ao Sol, foto NASA.

Caso sua órbita fosse perfeitamente elíptica, não haveria movimentos de seu periélio e de seu afélio. Porém, a órbita de Mercúrio (e, rigorosamente, a de qualquer outro planeta do sistema solar) não é perfeitamente elíptica, mas sofre da chamada precessão de periélio-afélio (Figura 5) devido a contribuições extras à atração Newtoniana gravitacional do Sol. A precessão do periélio de Mercúrio, conhecida há séculos, foi, inicialmente, atribuída a um outro planeta menor, interior à órbita de Mercúrio. Batizado como Vulcano, chegou a ser tema de várias estórias de ficção científica.

Curiosamente, cerca de meio século antes, uma situação semelhante levara à descoberta de Netuno. Foi, então, a consagração da gravitação newtoniana. John Couch Adams, astrônomo inglês, estudando perturbações inesperadas na órbita de Urano, previra, em 1845, a existência de um novo planeta. Informou sua posição a James Challis, do Observatório de Cambridge. Challis, porém, demorou muito para observar o novo planeta. Enquanto isso, de maneira independente, o francês Urbain Jean Joseph Leverrier fazia uma análise semelhante e, em 1846, informou Johann Gottfried Galle, do Observatório de Berlim, que identificou Netuno em poucas horas. Desde então, atribui-se a Leverrier a descoberta teórica da existência de

Apêndice – Sistema Solar 161

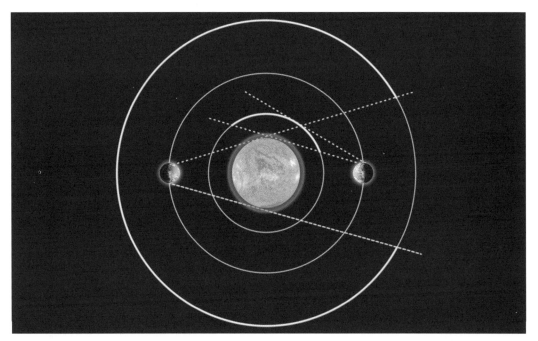

Figura 4 Comparação entre os planetas com órbitas interiores e exteriores à da Terra. Os interiores só podem ser vistos ao amanhacer e ao anoitecer, em regiões no céu próximas ao Sol. Já os exteriores, podem ser vistos, em princípio, em qualquer região do céu.

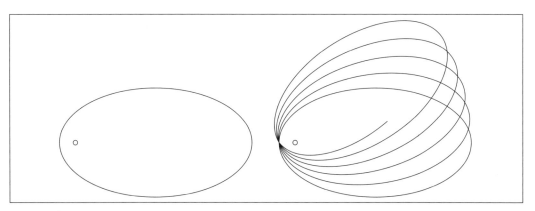

Figura 5 À esquerda, tem-se uma órbita elíptica, com o Sol num de seus focos. Periélio é o ponto da órbita mais próximo ao Sol, afélio é o mais distante. Considerando-se outros pequenos efeitos gravitacionais, como os devido a Júpiter, por exemplo, tem-se uma órbita como a da direita, na qual o semieixo maior da elipse gira em torno do Sol, implicando em pequenos avanços do periélio, assim como do afélio.

Netuno. Ironicamente, Netuno já teria sido observado desde Galileo! Porém, fora identificado até então como uma fraca estrela. Plutão foi descoberto de maneira semelhante, a partir de discrepâncias observadas na órbita de Netuno, no início do século XX. Porém, Vulcano não foi encontrado e, como já vimos, a única explicação consistente para o avanço do periélio de mercúrio vem da inclusão de correções relativísticas à interação gravitacional com o Sol.

Figura 6 Vênus, o segundo planeta do sistema solar, a partir do Sol.

2 Vênus

Assim como a Terra, Vênus possui uma atmosfera, porém composta basicamente por CO_2 e N_2 (veja Tabela 1). Possui também evidências de haver tido atividades geológicas internas. Seu diâmetro é similar ao da Terra, 0,949 vezes o diâmetro da Terra, T, e sua distância ao Sol é 0,72 vezes a da Terra. É o planeta com órbita mais próxima da órbita da Terra.

Vênus não possui satélites naturais. Possui a órbita mais circular do sistema solar, com uma excentricidade de apenas 0,007. Outra peculiaridade notável de Vênus é seu movimento de rotação retrógrado em torno de seu eixo, único no sistema solar. Como sua rotação é, além de retrógrada, muito lenta, com um período comparável ao seu ano (período de uma translação em torno do Sol), a diferença entre dia sideral (período de revolução em relação as estrelas distantes) e solar (em relação ao Sol) é muito grande. A topografia da superfície de Vênus é razoavelmente bem conhecida. Destacam-se grandes planaltos e uma grande cadeia de montanhas, 2 km mais altas que o Monte Everest, chamada de Montes Maxwell, em homenagem a James Clerk Maxwell.

Apêndice – Sistema Solar

Acredita-se que a enorme concentração de CO_2 em sua atmosfera cause o efeito estufa responsável pelas altas temperaturas em sua superfície, em torno de 500°, maior inclusive que a de Mercúrio, que está a metade da distância do Sol, e, por isso, recebe um fluxo de radiação do Sol quatro vezes mais intenso. Nos anos 1970 e 1980, as sondas soviéticas Venera aterrizaram em Vênus, na primeira missão interplanetária realizada com êxito.

3 Terra

O maior dos planetas internos, o único com hidrosfera, o único com alguma atividade geológica. Seu diâmetro é um dos parâmetros básicos na astronomia, $T = 12.700$ km, sua distância ao Sol, 150.000.000 km, é a chamada Unidade Astronômica (UA). Possui um satélite, a Lua, sem atmosfera, com diâmetro 0,273 T e distância média até a Terra de 0,0026 ua. Não nos deteremos aqui em detalhes do nosso planeta. Citaremos, unicamente, o curioso efeito responsável pelo fato que nosso satélite natural, a Lua, sempre se mostra com a mesma face para nós. É o chamado efeito de sincronização de maré.

4 Marte

Menor que a Terra e que Vênus, tem um diâmetro de 0,533 T e sua distância até o Sol é 1,524 da distância entre a Terra e o Sol. Marte possui duas luas pequenas, Phobos e Deimos. Phobos é a maior e mais interna. Sua órbita tem raio médio de 9.370 km e seu diâmetro médio é de 22 km (oblaticidade $\approx 0,3$). Deimos orbita Marte a aproximadamente 23.460 km de distância, e seu raio médio é de 12 km. Ambas as luas foram descobertas no século XIX. Marte é conhecido desde a antiguidade.

A atmosfera de Marte é bem mais rarefeita que a da Terra. Sua coloração avermelhada deve-se basicamente ao óxido de ferro. A duração do ano, do dia e a inclinação do eixo de rotação de Marte são semelhantes aos da Terra. Marte possui estações bem definidas. Em particular, seus polos passam metade do seu ano na escuridão e a outra metada exposta completamente ao Sol, como na Terra. Várias sondas soviéticas e norte-americanas já pousaram em Marte. Certas evidências geológicas indicam que Marte já teve água por quase toda sua superfície. Seus polos, no inverno, são recobertos por camadas de água e gás carbônico sólido (gelo seco). Em Marte, encontram-se a maior montanha do sistema solar, o Monte Olimpo, com 26 km de altitude, e o maior cânion, o Vale Mariner, com 4.000 km de extensão e 7 km de profundidade.

Provavelmente, parte da extensa ficção a respeito da existência de vida em Marte (os marcianos) originou-se nas observações amadoras do século XIX, que

Figura 7 Marte, o mais distante dos planetas internos do sistema solar.

identificaram erroneamente certos acidentes geográficos de Marte como canais artificiais. O mais célebre desses astrônomos foi, sem dúvida, Percival Lowell, milionário e fundador do Observatório Lowell em Flagstaff, Arizona, nos Estados Unidos. Foi no Observatório Lowell que Vesto M. Slipher, na década de 1910, fez as primeiras observações que indicariam que o universo está em expansão. Plutão também foi descoberto no Observatório Lowell. As fotos da sonda norte-americana Viking 1, de meados dos anos 1970, também motivaram diversas especulações. Uma de suas fotos era identificada como uma face humana. Logo depois, foi esclarecido que se tratava de uma mera ilusão de ótica.

5 Júpiter

Júpiter é o maior planeta do sistema solar. De fato, sua massa é maior do que o dobro da soma das massas de todos os outros planetas. Sua atração gravitacional afeta todos os outros corpos do sistema solar. Forma, com Saturno, Urano e Netuno, o grupo dos gigantes gasosos, conhecidos também como planetas jovianos.

Figura 8 Júpiter, o planeta gigante do sistema solar.

Jupiter é formado basicamente por hidrogênio. Em seu núcleo, devido a extrema pressão, o hidrogênio apresenta-se em estado metálico. Seu núcleo está envolvido por camadas de hidrogênio, em forma líquida e gasosa. Sua atmosfera, contém também quantidades apreciáveis de hélio, numa composição bastante semelhante a das nebulosas estelares. As capas altas da atmosfera de Júpiter não giram de maneira homogênea, induzindo movimentos circulares, como sua grande mancha vermelha, e diversos padrões turbulentos.

Júpiter possui mais de sessenta satélites naturais conhecidos. Vários deles, os menores e mais irregulares, foram descobertos recentemente, usando-se poderosos telescópios. Os quatro maiores, Io, Europa, Ganimedes e Calisto, com tamanho comparável ao da Lua, foram descobertos no século XVII, por Galileo, com auxílio de uma das primeiras lunetas. São chamadas de luas galileanas, e foram os primeiros satélites naturais descobertos depois da Lua. As luas galileanas têm composição rochosa semelhante à dos planetas internos. Io, em particular, possui atividade geológica, contendo o único vulcão em atividade do sistema solar fora da Terra. Júpiter possui tênues anéis, difíceis de serem observados, ao contrário do que ocorre com os anéis de Saturno, o segundo gigante gasoso.

Figura 9 Saturno e seus anéis.

6 Saturno

Saturno é visível a olho nu e conhecido desde a antiguidade. Porém, sua característica mais marcante, seus anéis majestosos, foram observados pela primeira vez somente no século XVII, por Galileo, com auxílio da luneta. De fato, basta um par de bons binóculos para identificar os anéis.

A composição de Saturno é semelhante à de Júpiter. É porém, o planeta de maior oblatividade do sistema solar (10%). São conhecidos mais de 40 satélites naturais de Saturno. O mais notável é Titan, com um raio de aproximadamente 1,5 o raio da Lua; é o único satélite conhecido do sistema solar com atmosfera razoavelmente densa. Foi descoberto pelo astrônomo holandês Christiaan Huygens, no século XVII.

Os anéis de Saturno são discos relativamente finos, que se estendem entre 6.000 e 120.000 km acima do seu equador, composto basicamente por pequenas partículas de sílica, óxido de ferro e gelo. Acredita-se que os discos são os restos de um satélite natural que se aproximou muito de Saturno, atingindo o ponto em que sua desintegração pela ação das forças de maré foi inexorável (o chamado limite de Roche).

Figura 10 Urano, o primeiro planeta descoberto em épocas modernas.

7 Urano

Urano, por não ser visível a olho nu, só foi descoberto após o advento da luneta. Apesar de ser um dos gigantes gasosos, sua composição não é semelhante às de Júpiter e Saturno. É composto por diferentes rochas, contém apenas 15% de hidrogênio, nos seus três estados, e alguns traços de hélio.

Uma das características mais notáveis de Urano é a inclinação de seu eixo de rotação, aproximadamente 90°, o que faz com que um de seus polos esteja, durante metade do seu ano, sempre iluminado pelo Sol, enquanto o outro polo está na escuridão. Assim como Júpiter, Urano possui tênues anéis.

São conhecidos mais de 20 satélites de Urano. O maior deles, Titânia, foi descoberto no século XVIII. Como já foi dito, a órbita de Urano foi cuidadosamente analisada entre os séculos XVIII e XIX. Pequenos e inesperados desvios da órbita prevista teoricamente levaram à descoberta do último gigante gasoso, Netuno.

Figura 11 Netuno, o mais distante dos gigantes gasosos.

8 Netuno

Netuno é o menor e mais distante dos gigantes gasosos. Como já foi dito, a descoberta de Netuno foi, de fato, uma previsão da mecânica celeste. São conhecidos nove satélites de Netuno. O maior deles, Triton, tem movimento retrógrado, algo raro para satélites naturais.

A sonda espacial Voyager 2 passou por Netuno em 1989, fazendo diversas fotografias. Nessas observações, era clara a existência de uma grande mancha de movimento circular em seu hemisfério sul, semelhante a grande mancha vermelha de Júpiter. A Voyager 2 também pôde constatar a existência de tênues anéis em Netuno. Seus detalhes e composição ainda são desconhecidos.

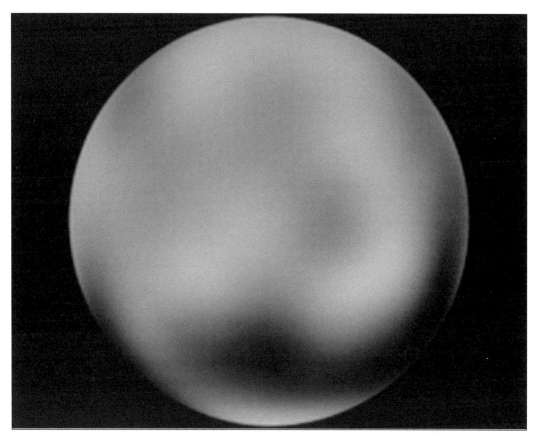

Figura 12 Plutão, o menor e mais distante planeta do sistema solar.

9 Plutão

Desde 2006, Plutão é classificado com um planeta anão. É único do sistema solar. Sua órbita é a mais excêntrica, estando, eventualmente, dentro da órbita de Netuno. O status de Plutão como um planeta foi e é discutido,[3] Plutão é, aparentemente, o mais próximo corpo significativo do chamado Cinturão Kuiper, uma enorme coleção de pequenos corpos que se estende desde a órbita de Netuno até aproximadamente 50 ua do Sol.

Sabe-se muito pouco a respeito de Plutão. Foi descoberto em 1930 no Observatório Lowell. Seu símbolo astrônomico é PL, que também são iniciais de Percival Lowell, o astrônomo amador milionário. Sua órbita, além de pronunciadamente excêntrica, é a mais inclinada em relação à eclíptica. Desde 1978 sabe-se que Plutão

---

[3] A União Internacional de Astronomia passou a definir Plutão, a partir de 2006, como um corpo transnetuniano ou planeta menor, e não mais como um planeta. Plutão é o décimo corpo, em tamanho, orbitando o Sol. O nono é o planeta menor Eris, com massa ligeiramente maior que a de Plutão. Sua decoberta, em 2005, desencadeou as discussões que culminaram com o rebaixamento do status de Plutão.

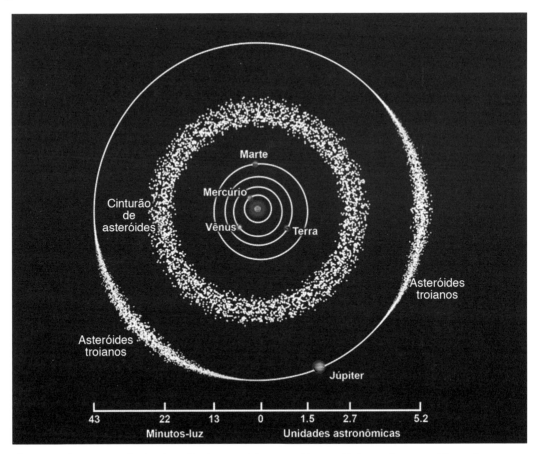

Figura 13 Representação do cinturão de asteroides entre Marte e Júpiter e dos asteroides troianos.

possui uma lua, Caronte, com um raio um pouco superior à metade do raio de Plutão. Devido ao expressivo tamanho relativo de Caronte com relação a Plutão, muitos os consideram um sistema duplo de planetas. Uma de suas propriedades mais curiosas é que ambos tem efeitos de maré sincronizados, o que significa que não só Caronte tem sempre a mesma face voltada a Plutão, mas este também sempre se mostra com a mesma face para Caronte. Esta é uma situação extremamente rara.

10 Cinturão de asteroides

O cinturão de asteroides encontra-se entra as órbitas de Marte e Júpiter. É a região onde se concentra a grande maioria dos asteroides do sistema solar. Estritamente falando, um asteroide é um corpo sólido de pequenas dimensões, quase sempre com forma irregular, às vezes de composição rochosa.

Há uma outra concentração notável de asteroides compartilhando a órbita Júpiter, movendo-se ao redor do Sol de maneira sincronizada com o gigante gasoso. São os chamados asteroides troianos, ou troianos jovianos. Estão concentrados em

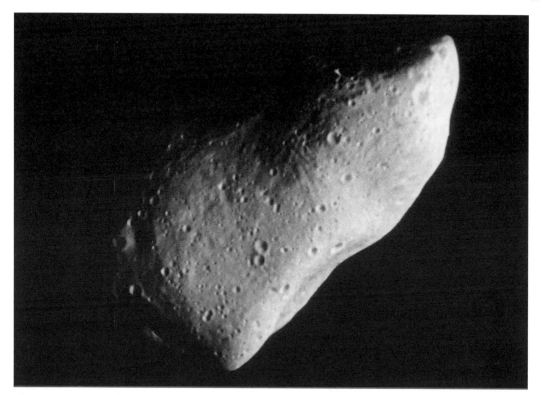

Figura 14 O asteroide Gaspra, do cinturão de asteroides, fotografado pela sonda Galileo em 1995.

torno de dois pontos especiais do sistema gravitacional composto por Júpiter e pelo Sol, os chamados pontos de Lagrange L_4 e L_5, pontos estáveis que se movem de maneira solidária a Júpiter.

A origem do cinturão de asteroides está ligada à origem do sistema solar. Acredita-se que o sistema solar teve origem com o resfriamento de uma nebulosa, tendo os planetas se formado a partir da aglomeração de pequenos fragmentos, distribuídos de maneira mais ou menos aleatória no plano de rotação da nebulosa. A região compreendida entre as órbitas de Marte e Júpiter é a que está sujeita às mais intensas ressonâncias devido à interação gravitacional do Sol e de Júpiter, o que tenderia a dificultar a aglomeração de pequenos corpos que daria origem a um planeta. De certa maneira, o cinturão de asteroides concentra remanescências da origem do sistema solar.

Algumas dezenas de milhares de asteroides são conhecidas e têm sua órbita estudada. Estima-se que o número total seja da ordem de milhões. São conhecidos pouco mais de 200 asteroides com dimensão maior que 100 km. O maior deles, Ceres, é esférico, tem aproximadamente 1.000 km e foi descoberto no início do século XVIII.

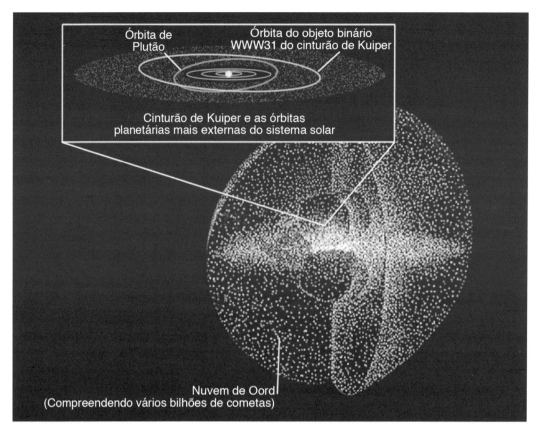

Figura 15 Cinturão Kuiper.

11 Cinturão Kuiper e os cometas

O cinturão Kuiper estende-se desde a órbita de Netuno (≈ 30 ua) até aproximadamente 50 ua do Sol. Esta região também concentra uma grande quantidade de asteroides.

Sua existência foi sugerida nos anos 1950 pelo astrônomo holandês Gerard Kuiper. Assim como os do cinturão de asteroides, os asteroides do cinturão Kuiper são remanescências da origem do sistema solar. Porém, devido à grande distância do Sol, os asteroides do cinturão Kuiper estão menos sujeitos à ação solar e, por isso, conservam muito melhor as condições primordiais do sistema solar. São os verdadeiros fósseis solares. Desde os anos 1990, cerca de 1.000 objetos do cinturão de Kuiper, ou transnetunianos, foram descobertos.

Acredita-se que os cometas de período curto venham de regiões do cinturão de Kuiper. Cometas são pequenos corpos celestes, com órbitas bastante excêntricas, compostos basicamente por rochas, poeira e gelo. Ao passar próximo ao Sol, exibem uma cauda característica. Cometa, do grego, significa literalmente "estrela com cabelo". A maior parte dos cometas tem sua origem na nuvem de Oort, que

Apêndice – Sistema Solar 173

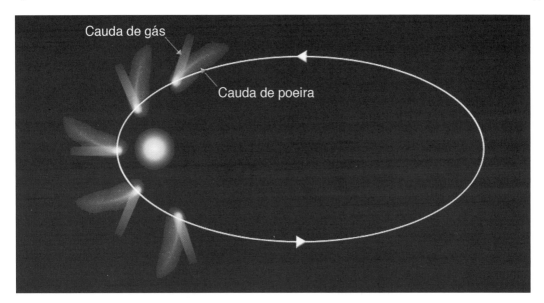

Figura 16 Cometa.

se estende muito além do cinturão de Kuiper. Há relatos de cometas que possuem órbitas parabólicas. São, necessariamente, cometas de uma única aparição, que vieram de regiões muito mais distantes e para lá regressaram.

Figura 17 Os planetas do sistema solar, em ordem, com seus tamanhos relativos preservados, mas não suas órbitas. Acima, vê-se parte da superfície do Sol, com seu tamanho relativo também preservado.

Apêndice – Sistema Solar

Tabela 1 Planetas do sistema solar. A distância média entre o Sol e a Terra, 149,6 milhões de km, correponde a 1 ua (unidade astronômica). A excentricidade é definida como a razão entre a diferença dos semieixos e o semieixo maior da órbita. Já a oblaticidade corresponde à razão entre a difernéça entre os raios equatorial e polar e o raio equatorial do planeta. A massa da terra é 5.976×10^{24} kg. Define-se o raio dos planetas exteriores (gasosos) como o raio correspondente a uma pressão de 0,1 bar.

	Mercúrio ☿	Vênus ♀	Terra ⊕	Marte ♂	Júpiter ♃	Saturno ♄	Urano ♅	Netuno ♆	Plutão ♇
Distância média do Sol (ua)	0,387	0,723	1	1,524	5,203	9,539	19,18	30,06	39,44
Excentricidade da órbita	0,206	0,007	0,017	0,093	0,048	0,056	0,047	0,009	0,25
Raio do equador (10^3 km)	2,440	6,051	6,378	3,389	7,71	6,33	2,60	2,76	1,150
Oblaticidade	≈ 0	≈ 0	0,003	0,006	0,065	0,1	0,06	0,02	?
Massa/Massa Terra	0,055	0,815	1	0,108	318,1	95,147	14,53	17,2	0,1
Período rotação	5,646 d	−243,16 d	23h 56m 4s	24h 37m 23s	9h 50m 23s	10h 39m 24s	17h 17m	16h 3m	6,39d
Inclinação eixo de rotação	$\approx 2°$	3°	23° 27'	23° 59'	3° 5'	26° 44'	82° 5'	28° 48'	$\approx 50°$
Período de translação	88 d	224,7 d	365,26 d	686,98 d	11,862 a	29,458 a	84,014 a	164,79 a	247,7 a
Inclinação/eclíptica	7°	3°4'	0°	1°9'	1°3'	2°5'	0°8'	1°8'	17°2'
Componentes principais da atmosfera	He (098) H (002)	CO_2 (096) O_2 (0,035)	N_2 (077) O_2 (021)	CO_2 (0,96) N_2 (0,027)	H_2 (089) He (011)	H_2 (089) He (0,04)	H_2 (0,83) He (0,15)	H_2 (0,85) He (0,15)	?
Pressão atmosférica na superfície (bar)	2×10^{-15}	91	1	0,007	$\gg 100$	$\gg 100$	$\gg 100$	$\gg 100$	?
Temperatura superficial média (dia)	350°	482°	22°	−23°	−148°	−179°	−221°	−214°	−230°
Aceleração gravitacional na superfície (Terra = 1)	0,37	0,88	1	0,38	2,64	1,15	1,17	1,18	?
Número de satélites conhecidos	0	0	1	2	15	17	15	8	1

Bibliografia

[1] RUSSELL, B. *History of western philosophy*. Londres: George Allen & Unwinn Ltd., 1961.

[2] KURY, M. da Gama, *Dicionário de mitologia grega e romana*. Rio de Janeiro: Jorge Zahar Editor, 1990.

[3] JUNG, C. G. *Answer to job*. Londres: ARK, 1954.

[4] Gregorian Reform of the Calendar, *Proceedings of the Vatican Conference to Commemorate its 400th Anniversary 1582-1982*, Editores: G.V. Coyne, M.A. Hoskin e O. Pedersen, Pontificia Academia Sientiarum, Vaticano, 1983.

[5] COPÉRNICO, N. *A Revolução dos Orbes Celestes*. Lisboa: Fundação Calouste Gulbenkian, 1996.

[6] KUHN. T. S. *The Copernican Revolution*. Harvard University Press, 1951.

[7] DESCARTES, R. *Discurso do método*. Martin Claret, 1998.

[8] JUNG, C. G.; PAULI, W. *The interpretation of nature and the psyche*. Nova York: Pantheon Books, 1955.

[9] NEWTON, I. *Principia*: princípios matemáticos de filosofia natural. São Paulo: Edusp, 1998.

[10] POINCARÉ, H. *O valor da ciência*, Contraponto Editora, 1998.

[11] FARADAY, M. *A História química de uma vela*. São Paulo: Contraponto Editora, 2009.

[12] SAA, A. Um século de espaço-tempo. *Ciência hoje*, 43, 259, p. 24.

[13] KRISHNAMURTI, J.; BOHM, D. *The ending of time*. New York: Harper & Row, 1985,

[14] SUSSKIND, L. *The cosmic landscape*. Capítulo 11, Nova York: Back Bay Books, 2006.

[15] HUBBLE, E. A relation between distance and radial velocity among extra-galactic nebulae, Proceedings of the National Academy of Sciences 15, 168 (1929).

[16] LIDDLE, A. *Introduction to modern cosmology*. Wiley & Sons, 2003.

[17] WEINBERG, S. *The first three minutes*. Nova York: Basic Books, 1977.

[18] ABDALLA, E.; CASALI, A. *Scientific American*. Brasil, Março de 2003.

[19] KEPLER, E. *Sol, lunas y planetas*. Barcelona: Salvat, 1994.

[20] PENROSE, R. *The Emperor's New Mind*. Oxford University Press, 1989.